Résistance des circuits cryptographiques aux attaques en fautes

Kaouthar Bousselam

Résistance des circuits cryptographiques aux attaques en fautes

AES, Cryptographie, Contre-mesures, Attaques en fautes, Détection concurrente d'erreur

Presses Académiques Francophones

Impressum / Mentions légales
Bibliografische Information der Deutschen Nationalbibliothek: Die Deutsche Nationalbibliothek verzeichnet diese Publikation in der Deutschen Nationalbibliografie; detaillierte bibliografische Daten sind im Internet über http://dnb.d-nb.de abrufbar.
Alle in diesem Buch genannten Marken und Produktnamen unterliegen warenzeichen-, marken- oder patentrechtlichem Schutz bzw. sind Warenzeichen oder eingetragene Warenzeichen der jeweiligen Inhaber. Die Wiedergabe von Marken, Produktnamen, Gebrauchsnamen, Handelsnamen, Warenbezeichnungen u.s.w. in diesem Werk berechtigt auch ohne besondere Kennzeichnung nicht zu der Annahme, dass solche Namen im Sinne der Warenzeichen- und Markenschutzgesetzgebung als frei zu betrachten wären und daher von jedermann benutzt werden dürften.

Information bibliographique publiée par la Deutsche Nationalbibliothek: La Deutsche Nationalbibliothek inscrit cette publication à la Deutsche Nationalbibliografie; des données bibliographiques détaillées sont disponibles sur internet à l'adresse http://dnb.d-nb.de.
Toutes marques et noms de produits mentionnés dans ce livre demeurent sous la protection des marques, des marques déposées et des brevets, et sont des marques ou des marques déposées de leurs détenteurs respectifs. L'utilisation des marques, noms de produits, noms communs, noms commerciaux, descriptions de produits, etc, même sans qu'ils soient mentionnés de façon particulière dans ce livre ne signifie en aucune façon que ces noms peuvent être utilisés sans restriction à l'égard de la législation pour la protection des marques et des marques déposées et pourraient donc être utilisés par quiconque.

Coverbild / Photo de couverture: www.ingimage.com

Verlag / Editeur:
Presses Académiques Francophones
ist ein Imprint der / est une marque déposée de
OmniScriptum GmbH & Co. KG
Heinrich-Böcking-Str. 6-8, 66121 Saarbrücken, Deutschland / Allemagne
Email: info@presses-academiques.com

Herstellung: siehe letzte Seite /
Impression: voir la dernière page
ISBN: 978-3-8416-2460-4

Table des matières

Contexte

Depuis quelques années, l'essor d'internet et le développement des réseaux de télécommunications ont rendu un certain type de circuits, appelées circuits sécurisés ou circuits cryptographiques indispensables dans notre vie quotidienne. Les circuits sécurisés sont des dispositifs électroniques utilisés pour le traitement des données confidentielles. On les retrouve dans plusieurs domaines et applications telle la téléphonie (carte SIM), télévision, paiements en ligne, identification, etc.

Pour assurer la confidentialité et l'échange sécurisé des données, ces circuits sécurisés utilisent des algorithmes cryptographiques qui sont certifiés sûrs par des organismes accrédités par l'état. Malgré cela, les attaquants n'ont pas cessé de chercher différents moyens possibles afin de pouvoir récupérer les données secrètes traités par ces circuits d'une manière non autorisée.

L'AES (Advanced Encryption Standard) est l'algorithme de cryptographie symétrique adopté actuellement par le gouvernement américain, et est conçu pour être résistant aux attaques par cryptanalyse (qui visent plutôt la structure algébrique de l'algorithme même). L'AES que j'ai pris en exemple d'application dans ma thèse est toujours robuste à ce jour face aux attaques par cryptanalyse. Pourtant, en implémentant matériellement dans un circuit un algorithme cryptographique, on risque de rendre le circuit fragile vis-à-vis d'un autre type d'attaques dites « matérielles ». Ces consistent à exploiter toute sorte d'informations physiques émanant du circuit ou à perturber son fonctionnement pour déduire les données secrètes.

L'une de ces techniques consiste à injecter une faute dans le circuit pendant son fonctionnement normal (ceci peut être fait par exemple au moyen d'un faisceau laser). Cette faute produira un résultat erroné à la sortie du circuit. En comparant un résultat correct (sans injection de faute) et un résultat fautif (avec injection de faute), l'attaquant peut extraire des informations sur les données secrètes traitées par le circuit. Ce type d'attaque est appelé « attaques en fautes ».

L'objectif de ma thèse est d'améliorer la résistance et la fiabilité des circuits sécurisés contre les attaques en faute. Pour réaliser cet objectif, j'ai travaillé plus particulièrement sur la détection en ligne d'erreurs. Plutôt que de détecter tout type d'erreurs, mes travaux se sont focalisés sur la détection des erreurs qui puissent être produits par ce genre d'attaques, et qui soient exploitables par un attaquant pour extraire le secret.

Dans le premier chapitre nous présentons les algorithmes cryptographiques les plus utilisés dans les circuits sécurisés, en soulignant que plus l'algorithme est complexe, plus l'extraction de secrets devient complexe. Par la suite, nous présentons les différents types d'attaques auxquels les circuits sécurisés peuvent être sujet.

Le deuxième chapitre se focalise sur les attaques en fautes. Nous présentons les moyens utilisés et les phénomènes physiques mis en œuvre pour réaliser une attaque en faute. Ensuite, nous présentons comment un attaquant exploite le résultat produit par l'attaque pour retrouver les données secrètes. Le chapitre se termine par la présentation des différentes contre mesures proposés dans la littérature pour se prévenir de ce type attaques.

Dans le troisième chapitre nous nous concentrons sur la détection concurrente d'erreur comme moyen de se protéger des attaques en faute. En effet, détecter des erreurs en ligne permet de signaler que le système a été la cible d'une attaque et d'agir en conséquence. Nous présentons ainsi une solution basée sur l'utilisation des codes détecteurs d'erreur qui permet d'améliorer la robustesse des circuits vis-à-vis de ce type d'attaques. Nous présentons ensuite une étude comparative des solutions de l'état de l'art et de notre solution en termes de détection d'erreur, surface, consommation et dégradation de performances. Enfin nous présentons une étude où nous monterons que le choix du type du code détecteur dépend d'une part du type d'erreur exploitable pouvant être produite par un attaquant, et d'autre part du type d'implémentation du circuit à protéger.

En associant à un circuit une contre mesure qui cible un type particulier d'attaques, on risque de fragiliser le circuit vis-à-vis d'un autre type d'attaques. Dans le cas des attaques en fautes par exemple, protéger le circuit par du code détecteur d'erreur (qui dépend de la donnée traitée) peut rendre le circuit plus sensible vis-à-vis des attaques par analyse de consommation. En effet, ces attaques sont basées sur l'analyse de la corrélation entre la donnée traitée par le circuit et le courant consommé par ce circuit. Dans le dernier chapitre, nous présentons une combinaison de deux contre mesures, ciblant les attaques en fautes d'une part et les attaques par analyse de consommation d'autre part. Le but étant d'avoir un circuit robuste à plusieurs types d'attaques.

Chapitre 1

Introduction générale

Depuis l'antiquité, l'homme n'a cessé de chercher des moyens qui lui permettent d'échanger des informations en toute sécurité et confidentialité. Ceci a donné naissance à l'art de la *cryptologie*. L'un des plus anciens et plus célèbres moyens utilisés à l'époque antique est le chiffre de César, nommé en référence à Jules César qui l'utilisait pour ses communications secrètes. Cette technique consiste simplement à décaler chaque lettre du message original d'un nombre fixe de positions, toujours du même côté, dans l'ordre de l'alphabet [1]. Le nombre de positions est alors la clef de chiffrement.

Resté pendant longtemps réservé à des domaines restreints tels le militaire et l'espionnage, l'art de secret est devenu une science touchant le grand public en raison de l'expansion considérable des techniques de communication. En effet, l'explosion d'internet a favorisé de nouveaux services tel que le paiement en ligne, le e-commerce, le e-banking, nécessitant d'effectuer ces transactions en toute sécurité, et contribuant ainsi à l'avancement remarquable de cette science qui regroupe deux branches : d'une part, la cryptographie, dont l'objet est le codage et le décodage des messages, et d'autre part, la cryptanalyse, qui consiste à tenter de percer le secret (par exemple les clefs de chiffrement utilisées lors du codage d'un message).

Dans ce chapitre, nous définissons d'abord le mot cryptologie et quelques mots clefs liés relatifs à cette science. Nous présentons ensuite les algorithmes cryptographiques les plus utilisés, et plus particulièrement l'AES que j'ai pris comme exemple d'application et d'étude au cours de ma thèse. Enfin les différents types d'attaques contre les circuits implantant ces algorithmes sont succinctement présentés.

1.1 Cryptologie

La *cryptologie :* "science du secret" est composée de deux disciplines complémentaires : la cryptographie et la cryptanalyse. Cette science est, de fait, une course poursuite entre les cryptographes qui proposent des techniques pour protéger et sécuriser les transactions et l'échange d'informations et les cryptanalistes qui tentent de trouver des moyens pour briser ces protections.

La **cryptographie** est une science au croisement des mathématiques, de l'informatique, et de la physique, qui étudie l'ensemble de techniques permettant de chiffrer un message et de le rendre inintelligible sauf pour son destinataire : cette opération s'appelle le **chiffrement**. Elle fournit un message chiffré ou **cryptogramme** (en anglais *ciphertext*), à partir d'un **message en clair** (en anglais *plaintext*). Inversement, le **déchiffrement** est l'action de reconstruire le texte en clair à partir du texte chiffré (Figure 1). Ces fonctions de chiffrement et déchiffrement sont des fonctions mathématiques appelées **algorithmes cryptographiques** (*cryptosystèmes*), qui dépendent d'un paramètre appelé **clef**.

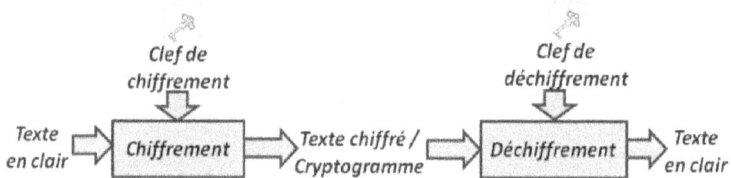

Figure 1 : Opérations du chiffrment/déchiffrement

La **cryptanalyse**, à l'inverse de la cryptographie, est l'étude des procédés cryptographiques dont le but est de reconstruire le message en clair à l'aide de méthodes et techniques mathématiques sans connaître la clef de chiffrement.

1.2 Circuits sécurisés

La sécurité des systèmes (au sens de la confidentialité et de l'intégrité des informations) est une contrainte de conception de plus en plus répandue et critique pour de nombreuses applications. Au-delà des problèmes généraux de sécurité informatique et des réseaux, de nouvelles menaces sont apparues assez récemment. Elles correspondent à un ensemble d'attaques dites "matérielles", visant à contourner les mécanismes de sécurité en analysant le comportement physique du système, ou en perturbant physiquement celui-ci. Ainsi, il ne suffit plus d'utiliser des protocoles et des algorithmes de chiffrement éprouvés ; il faut aussi s'assurer que l'implantation est réalisée de manière à éviter des fuites d'informations sensibles. Une mauvaise implantation peut permettre par exemple à un attaquant d'extraire très rapidement une clef secrète de chiffrement, même de grande taille, à partir de l'analyse de la consommation du circuit, de ses émissions électromagnétiques, ou encore de sa réponse à une perturbation volontaire du système. Les méthodes d'attaque progressent en permanence, et les implantations doivent donc être de plus en plus robustes. Ceci demande une recherche active à la fois sur de nouvelles architectures (matérielles ou mixant des éléments matériels et du logiciel embarqué), et sur l'analyse de nouvelles méthodes d'attaque qui pourraient être mises en œuvre dans le futur. Les caractéristiques des différentes cibles d'implantation (par exemple ASIC ou FPGA) doivent par ailleurs être prises en compte.

En raison de ces nouvelles menaces, la seule implantation dans un circuit d'un algorithme cryptographique standardisé, ce qu'on va appeler dans la suite du manuscrit un circuit sécurisé, n'est plus suffisant pour assurer l'échange d'information sécurisé et confidentiel recherché dans les diverses domaines d'utilisation de ce type de circuits. Les circuits sécurisés sont largement utilisés dans plusieurs domaines tels la télécommunication, les soins médicaux, la banque, le contrôle d'accès pour systèmes restreints, l'identification en ligne, etc. 20 milliards de circuits sécurisés sont prévus en 2020 (4 milliards en 2007) [2]. Un exemple typique de circuit sécurisé est les cartes à puce. Des mécanismes de sécurité supplémentaires doivent alors être implantés. Ils reposent sur différents principes: le secret de design et d'implémentation, les opérations de chiffrement des données confidentielles et les contre-mesures logicielles et matérielles mises en place pour la détection d'attaques.

Dans la section suivante, nous détaillerons les algorithmes de chiffrement les plus implémentés dans les circuits sécurisés actuels, ainsi que leurs opérations de chiffrement tout en soulignant comment la complexité d'un algorithme peut rendre une attaque plus difficile.

1.3 Algorithmes cryptographiques

Pour chiffrer les données, il existe deux types de méthodes de chiffrement/déchiffrement : la cryptographie symétrique et la cryptographie asymétrique. Dans le chiffrement symétrique (appelé aussi cryptographie à clef secrète), la même clef est utilisée pour le chiffrement et pour le déchiffrement. Parmi les standards les plus célèbres de ce type de chiffrement, on trouve le DES (Data Encryption Standard) et l'AES (Advanced Encryption Standard). En chiffrement asymétrique (appelé aussi cryptographie à clef publique), une clef publique est utilisée pour le chiffrement et une autre clef (dite clef privée) est utilisée pour le déchiffrement. Le RSA (ainsi nommé selon les initiales de ses inventeurs) est l'un des algorithmes les plus utilisés car son implantation matérielle est l'une des moins coûteuses pour ce type de chiffrement.

9

1.3.1 Cryptographie asymétrique

Dans ce type de chiffrement, le destinataire possède deux clefs: la clef dite publique que les émetteurs utilisent pour envoyer des messages chiffrés et la clef dite privée qui permet au seul destinataire de déchiffrer le message (Figure 2). Ce concept a été introduit en 1976 par Whitfield Diffie et Martin Hellman [3], essentiellement dans le but de résoudre le problème de gestion de clef posé par les chiffrements symétriques. Ces algorithmes sont basés sur des problèmes mathématiques difficiles à résoudre.

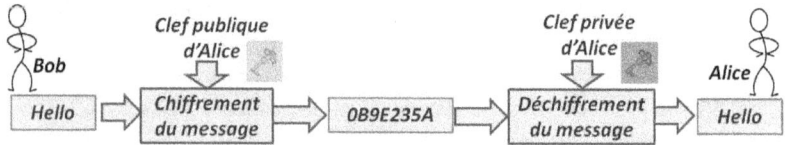

Figure 2 : Principe de cryptographie assymétrique

Le **RSA** est l'un des algorithmes à clef publique les plus utilisés. Inventé par Ron **R**ivest, Adi **S**hamir et Leonard **A**dleman [4]. Sa sécurité réside dans la difficulté à factoriser le produit de deux grands nombres premiers.

Le principe de l'algorithme RSA est le suivant :

Le destinataire choisit deux grands nombres premiers p et q de même ordre et calcule leur produit $N = p.q$. Il choisit également un nombre e tel que e et $(p - 1).(q - 1)$ soient premiers entre eux. La clef publique est le couple (N, e). La clef privée d est quant à elle calculée comme : $e.d = 1 \, mod \, \big((p - 1).(q - 1)\big)$. N et e sont rendus publics.

Pour chiffrer un message M, l'émetteur calcule : $C = M^e \, mod \, N$ et envoie C. Le récepteur déchiffre le message à l'aide de la clef privée d en calculant $C^d \, mod \, N = (M^e mod \, N)^d \, mod \, N = M$.

La sécurité de l'algorithme RSA repose sur la difficulté de factoriser les grands nombres : factoriser un grand nombre N en deux nombres premiers p et q et retrouver la clef privée d à partir de N et e.

Un autre algorithme de la famille de cryptographie asymétrique est basé sur les courbes elliptiques et hyper-elliptiques a été introduit en 1985 par Victor Miller [5] et Neal Koblitz [6]. La sécurité de cet algorithme repose sur le problème mathématique du logarithme discret.

En raison de leur lenteur par rapport aux algorithmes à clef secrète, les algorithmes de chiffrement asymétrique ne sont souvent utilisés que pour chiffrer la clef secrète des algorithmes de chiffrement symétrique qui sont eux, utilisés pour chiffrer les données.

1.3.2 Cryptographie symétrique

En cryptographie symétrique, la même clef est utilisée pour chiffrer et déchiffrer le message (Figure 3). Les algorithmes de chiffrement symétriques ont donc deux entrées, le texte en clair et la clef secrète, et produisent en sortie un texte chiffré. La plupart de ces algorithmes à clef secrète sont des algorithmes itératifs, Au cours de chaque itération, appelée également "ronde", les données (le message à chiffrer ou à déchiffrer) subissent un traitement et sont mélangées avec des données issues de la clef secrètes, appelées sous-clefs. Ces sous-clefs, une pour chaque ronde, sont obtenues par un processus appelé Key-schedule. Le calcul de chaque sous-clef et de chaque itération (appelée également ronde) sont effectués en parallèle.

L'implantation matérielle de tels algorithmes est donc composée habituellement de deux chemins distincts:

- Un chemin de données, où est traité le texte en clair initial.
- Un chemin de données clefs, chargé de calculer les sous-clefs pour chaque ronde à partir de la clef secrète initiale.

Le déchiffrement suit le même schéma des rondes. Lors d'une ronde de déchiffrement les opérations sont les opérations inverses de celles de chiffrement. Le Key-schedule quant à lui, fournit les sous-clefs correspondantes dans l'ordre inverse de celui de l'opération de chiffrement.

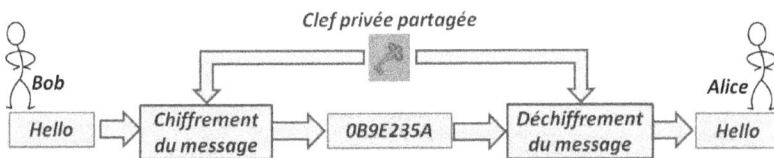

Figure 3 : Principe de cryptographie symétrique

La cryptographie symétrique exige que la clef soit partagée au sein d'un groupe restreint et, simultanément, que le secret soit gardé au sein de ce groupe. Une personne externe de ce groupe ne peut déchiffrer une donnée cryptée avec un algorithme de chiffrement symétrique sans avoir accès à la clef initiale utilisée pour chiffrer le message. Donc, si cette clef secrète tombe entre de mauvaises mains, la sécurité des données échangées peut être totalement compromise. Tout ce qui est lié au partage au sein d'un groupe relève des problèmes de gestion de clef qui reste le problème majeur de ce type de cryptographie à clef secrète.

Dans la suite nous présenterons deux des algorithmes de chiffrements symétriques les plus utilisés, le DES et l'AES.

1.3.2.1   Le DES (Data Encryption Standard)

Le DES a été proposé dans les années 70 par IBM, et adopté ensuite en 1976 par le NIST (National Institute of Standard and Technology) comme standard pour le gouvernement américain.

Comme présenté dans le FIPS (Federal Information Processing Standard), le DES est conçu pour chiffrer et déchiffrer des blocs de données de 64 bits et utilise des clefs de 56 bits [7]. Cet algorithme est basé en principe sur les schémas de Feistel [8].

L'algorithme DES est composé de trois parties :

- Les 64 bits du message d'entrée sont tout d'abord permutés par l'opération dite IP (Initial Permutation).

- On applique ensuite au résultat 16 rondes identiques basées sur le schéma de Feistel.

- Les 64 bits résultants sont à nouveau permutés à l'aide de FP (pour Final Permutation) qui est l'inverse de la permutation initiale.

Chaque ronde dépend d'une clef de 48 bits, appelée clef de ronde, calculée à partir de la clef initiale. Lors de chaque ronde, le texte clair est divisé en deux blocs de 32 bits (G pour la partie gauche et D pour la partie droite), qui sont échangés suivant le schéma de Feistel (Figure 4.a). Les 32 bit de la partie droite (D0) sont mélangés avec les 48 bits de la sous-clef de ronde correspondante selon une fonction F. La fonction F est présentée dans la Figure 4.b : les 32 bits de données sont expansés en 48 bits et mélangés avec les 48 bits de la sous-clef correspondante via un Ou-Exclusif. Ensuite une table de substitution « SBox » est associée à chaque bloc de 6 bits en entrée, et délivre en sortie une donnée sur 4 bits. La fonction SBox est une fonction non linéaire.0 Finalement l'ensemble des 32 bits résultants des 8 SBoxes sont permutés et associés par la suite avec les 32 bit de données de la partie gauche (G0) via un Où-Exclusif.

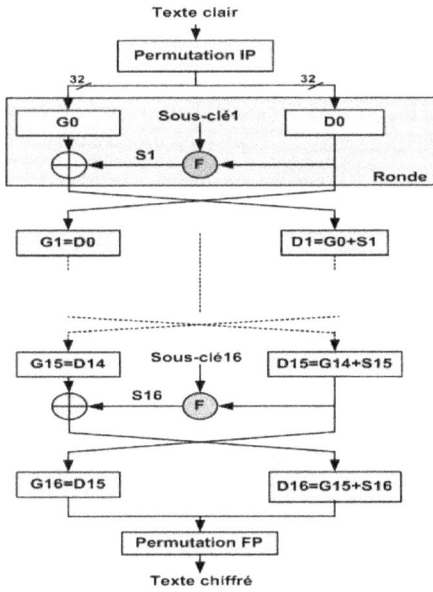

a)

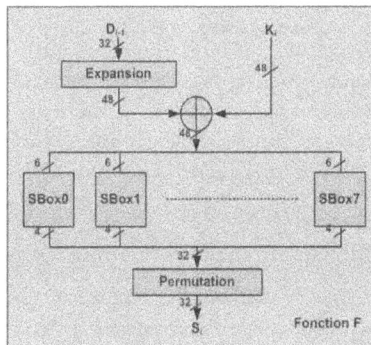

b)

Figure 4 : Synoptique du DES

Un destinataire connaissant l'algorithme de chiffrement, mais ne connaissant pas la clef utilisée pour le chiffrement/déchiffrement ne peut pas dériver mathématiquement les données d'origine. Malheureusement avec une clef de longueur de 48 bits et avec l'augmentation de la vitesse de calcul des nouveaux ordinateurs, le DES a été cassé par force brute (étudier toutes les valeurs possibles de la clef) en 1997 [9].

Pour avoir une longueur de clef plus importante, le DES a été remplacé par le triple DES (3DES), qui est composé de 3 applications successives du DES, avec en entrée 64 bits de données et 2 ou 3 clefs DES différentes [7]. Bien que normalisé par le NIST, bien connu, et assez simple à implémenter, sa force effective est de 112 bits[1] et non pas 268 bits et il est assez lent à exécuter (3 fois le temps d'exécution d'un DES). Ceci a poussé le NIST à lancer un appel d'offre pour un algorithme à clef privée de longueur plus grande qui peut être considéré comme sûr pour tout échange d'information.

1.3.2.2 L'AES (Advanced Encryption Standard)

Dans cette section, nous présentons l'algorithme AES adopté actuellement par le gouvernement américain [10]. L'AES est un algorithme de cryptographie symétrique, il utilise donc la même clef secrète pour le chiffrement et le déchiffrement. Il peut utiliser des clefs cryptographiques de longueurs différentes (128, 192 et 256 bits) pour chiffrer et décrypter des données de 128 bits. Nous présentons ici uniquement le chiffrement pour une clef de 128 bits (les détails sur le déchiffrement et les autres longueurs de clef sont décrites dans [10]).

L'unité de données fondamentale dans l'algorithme AES est l'octet. L'entrée, la sortie et la clef secrète sont traitées en interne sur une table à deux dimensions d'octets appelée *État*. L'État se compose d'une matrice de quatre rangées et quatre colonnes d'octets. Dans la table d'État, notée par le symbole *s*, chaque octet est repéré par son indice de rangée ($0 \leq r < 3$) et son indice de colonne ($0 \leq c \leq 3$). (Figure 5)

L'AES est basé principalement sur un schéma de substitutions et permutations des données (SPN pour Substitution Permutation Network en anglais). Les permutations sont des réarrangements d'octets dans la matrice d'états. Les substitutions remplacent une valeur d'octet de données par une autre.

---

[1] c.à.d. que pour casser le triple DES par l'algorithme "brute-force", la complexité est de 2^{112}.

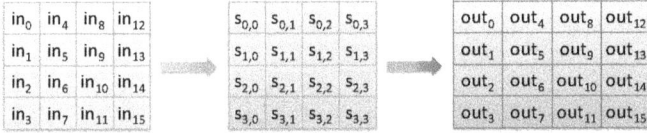

Figure 5 : Matrices d'Entrée, d'État et de Sortie de l'AES

La donnée d'entrée est tout d'abord copiée dans la table d'État en utilisant les conventions de la Figure 5. Après une opération initiale de où-exclusif entre la table d'État et la clef de chiffrement, la table d'État est transformée en exécutant une fonction ronde qui est répétée 10 fois (la ronde finale diffère légèrement des premières 9 rondes (Figure 6)). L'État final est ensuite copié à la sortie comme illustré à la Figure 5.

La fonction ronde est paramétrée avec une fonction d'Expansion de Clef (Key-schedule) qui produit une sous-clef pour chaque ronde à partir de la clef de chiffrement initiale.

La Figure 6 présente l'algorithme d'AES.

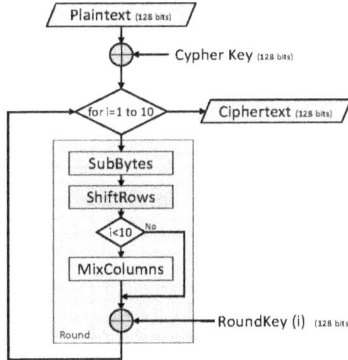

Figure 6 : L'AES

La fonction Ronde

La fonction Ronde est composée de 4 opérations : SubBytes, ShiftRows, MixColumns et AddRoundKey qui modifient la valeur des octets constituants l'État.

Comme montré dans la Figure 6, toutes les rondes de l'AES sont identiques à l'exception de la ronde finale, qui n'inclut pas la transformation MixColumns.

Une vue schématique de la fonction Ronde est montrée dans la Figure 7. Les paragraphes qui suivent décrivent en détail chacune des 4 opérations.

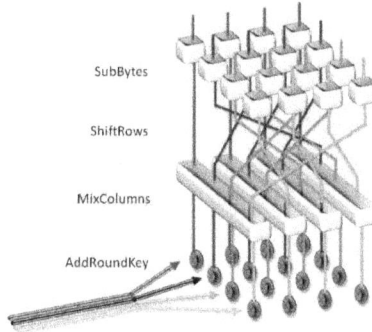

SubBytes

ShiftRows

MixColumns

AddRoundKey

Figure 7 : La ronde AES

SubBytes

La transformation SubBytes est une substitution non linéaire des octets qui opère de façon indépendante sur chaque octet de l'État en utilisant une table de substitution (SBox). La SBox est construite par la composition de deux transformations:

- Le calcul de l'inverse (multiplicatif) dans le champ des Galois $GF(2^8)$ d'un octet $s_{i,j}$ ($b_{i,j} = s_{i,j}^{-1}$). Le polynôme irréductible utilisé dans l'AES pour définir la multiplication modulaire dans $GF(2^8)$ est $x^8 + x^4 + x^3 + x + 1$. L'inverse de l'élément $(00000000)_2$ est lui même.

- La transformation affine (sur $GF(2)$) de l'octet calculé b :

$$\begin{bmatrix} b_0' \\ b_1' \\ b_2' \\ b_3' \\ b_4' \\ b_5' \\ b_6' \\ b_7' \end{bmatrix} = \begin{pmatrix} 1\,0\,0\,0\,1\,1\,1\,1 \\ 1\,1\,0\,0\,0\,1\,1\,1 \\ 1\,1\,1\,0\,0\,0\,1\,1 \\ 1\,1\,1\,1\,0\,0\,0\,1 \\ 1\,1\,1\,1\,1\,0\,0\,0 \\ 0\,1\,1\,1\,1\,1\,0\,0 \\ 0\,0\,1\,1\,1\,1\,1\,0 \\ 0\,0\,0\,1\,1\,1\,1\,1 \end{pmatrix} \begin{bmatrix} b_0 \\ b_1 \\ b_2 \\ b_3 \\ b_4 \\ b_5 \\ b_6 \\ b_7 \end{bmatrix} + \begin{bmatrix} 1 \\ 1 \\ 0 \\ 0 \\ 0 \\ 1 \\ 1 \\ 0 \end{bmatrix}$$

La fonction SubBytes peut être également pré calculée pour chaque valeur possible de l'octet d'entrée et implantée à l'aide de la table de substitution donnée à la Figure 8. Par exemple si l'octet d'entrée vaut $(00)_{16}$, le résultat de l'opération SubBytes vaut $(63)_{16}$.

	x0	x1	x2	x3	x4	x5	x6	x7	x8	x9	xa	xb	xc	xd	xe	xf
0x	63	7c	77	7b	f2	6b	6f	c5	30	01	67	2b	fe	d7	ab	76
1x	ca	82	c9	7d	fa	59	47	f0	ad	d4	a2	af	9c	a4	72	c0
2x	b7	fd	93	26	36	3f	f7	cc	34	a5	e5	f1	71	d8	31	15
3x	04	c7	23	c3	18	96	05	9a	07	12	80	e2	eb	27	b2	75
4x	09	83	2c	1a	1b	6e	5a	a0	52	3b	d6	b3	29	e3	2f	84
5x	53	d1	00	ed	20	fc	b1	5b	6a	cb	be	39	4a	4c	58	cf
6x	d0	ef	aa	fb	43	4d	33	85	45	f9	02	7f	50	3c	9f	a8
7x	51	a3	40	8f	92	9d	38	f5	bc	b6	da	21	10	ff	f3	d2
8x	cd	0c	13	ec	5f	97	44	17	c4	a7	7e	3d	64	5d	19	73
9x	60	81	4f	dc	22	2a	90	88	46	ee	b8	14	de	5e	0b	db
ax	e0	32	3a	0a	49	06	24	5c	c2	d3	ac	62	91	95	e4	79
bx	e7	c8	37	6d	8d	d5	4e	a9	6c	56	f4	ea	65	7a	ae	08
cx	ba	78	25	2e	1c	a6	b4	c6	e8	dd	74	1f	4b	bd	8b	8a
dx	70	3e	b5	66	48	03	f6	0e	61	35	57	b9	86	c1	1d	9e
ex	e1	f8	98	11	69	d9	8e	94	9b	1e	87	e9	ce	55	28	df
fx	8c	a1	89	0d	bf	e6	42	68	41	99	2d	0f	b0	54	bb	16

Figure 8 : Table SBox de l'AES

ShiftRows

L'opération ShiftRows change la position d'octets dans l'État en effectuant une rotation de chaque rangée suivant un nombre de positions différent pour chaque rangée. pour donner une nouvelle table d'État :

$$Etat = \begin{bmatrix} s_0 & s_4 & s_8 & s_{12} \\ s_5 & s_9 & s_{13} & s_1 \\ s_{10} & s_{14} & s_2 & s_6 \\ s_{15} & s_3 & s_7 & s_{11} \end{bmatrix}$$

La première rangée reste inchangée, la deuxième est tournée d'une position vers la gauche, la troisième de deux positions et la quatrième rangée de trois positions. ShiftRows est une transformation linéaire et son implémentation matérielle se résume en du câblage (Figure 7).

MixColumns

MixColumns opère par colonne en modifiant tous les octets de la même colonne. La colonne est considérée comme étant un polynôme de 3ème degré à coefficients dans $GF(2^8)$ et produit une nouvelle colonne en multipliant l'ancienne avec un polynôme constant. Cette opération est exécutée modulo un polynôme de 4ème degré à coefficients dans $GF(2^8)$.

Considérons s_i, s_{i+1}, s_{i+2} et s_{i+3} quatre octets consécutifs (une colonne), $i \in \{0,4,8,12\}$ dans la matrice d'État avant l'opération MixColumns. Ces quatre octets seront transformés ainsi :

$$\begin{bmatrix} t_i \\ t_{i+1} \\ t_{i+2} \\ t_{i+3} \end{bmatrix} = \begin{bmatrix} 02 & 03 & 01 & 01 \\ 01 & 02 & 03 & 01 \\ 01 & 01 & 02 & 03 \\ 03 & 01 & 01 & 02 \end{bmatrix} \begin{bmatrix} s_i \\ s_{i+1} \\ s_{i+2} \\ s_{i+3} \end{bmatrix}$$

Où les t_i sont les octets d'État après l'opération MixColumns. L'opération MixColumns est typiquement implémentée en tant qu'arbres d'Ou-exclusifs.

AddRoundKey

L'AddRoundKey ajoute la clef de ronde correspondante à la matrice d'État courante. Dans les champs finis $GF(2^8)$, l'addition est exécutée comme une opération Ou-exclusif bit à bit entre les deux éléments. L'implémentation de l'opération AddRounkey consiste en une couche de portes Ou-exclusif.

L'expansion de clef (ou KeySchedule)

L'expansion de clef produit un total de 11 mots (la clef initiale en plus d'une clef de ronde pour chacune des dix rondes). Chaque clef produite est constituée de 128 bits. Ils sont organisés dans une table comme pour les octets de données dans la Figure 5 (l'octet j de la matrice clef est composé des bits de $8 \times j$ à $8 \times j + 7$).

Soit K_i la clef de ronde i, $0 < i \leq 10$, où K_0 est la clef secrète initiale. La génération d'une nouvelle clef de ronde dépend de la clef précédente. La Figure 9 montre le schéma de génération d'une nouvelle clef K_{i+1} à partir de K_i. La transformation F_i est une fonction non linéaire qui est composée de 4 SBoxes (une SBox par octet), d'une rotation d'octets et d'une addition avec une constante spécifique à la ronde, définie par la norme. Plus de détails sur le processus de génération de clefs sont données dans [10].

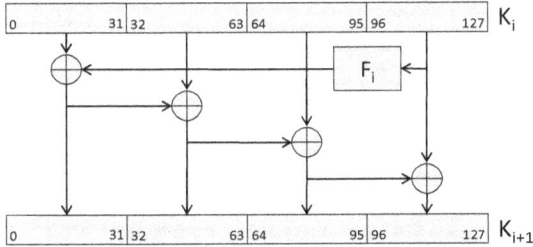

Figure 9 : Schéma d'expansion de clef de l'AES

Pour mon travail de recherche visant l'amélioration de la robustesse et la résistance des circuits sécurisés vis-à-vis des attaques, j'ai utilisé l'AES en tant que standard applicatif essentiellement parce que, contrairement au DES, il n'a pas été cassé par force brute (recherche exhaustive) à ce jour, et en raison aussi de son implémentation qui est spécifique pour rendre les attaques classiques par cryptanalyse linéaire ou différentielles très difficiles. Néanmoins et comme on l'a déjà mentionné précédemment, de nouvelles attaques ont vu jour récemment et sont considérées de plus en plus comme une menace réelle. Dans la section suivante nous présentons les différents types d'attaques visant ce type de circuits sécurisés.

1.4 Attaques

Les circuits sécurisés sont sujets à des attaques visant à récupérer des données secrètes. Trouver la clef secrète d'un chiffrement symétrique permet par exemple de déchiffrer le texte chiffré avec cette clef. De nombreuses attaques sont basées sur l'implémentation matérielle du chiffrement depuis que la cryptanalyse sur les récents algorithmes cryptographiques n'est plus faisable. Dans cette section nous présentons les différents types d'attaques auxquels un circuit sécurisé peut être soumis. Dans la littérature, les attaques sont souvent classées suivant deux axes : le caractère intrusif de l'attaque et l'activité de l'attaquant.

En effet, les attaques peuvent se différencier d'une part par leur caractère intrusif par rapport au circuit. On retrouve dans cette catégorie trois types d'attaques: les attaques invasives, les attaques non invasives et les attaques semi invasives. D'autre part elles sont différenciées par rapport à l'activité de l'attaquant lors de la réalisation d'une attaque, et on retrouve deux types d'attaques : les attaques actives et les attaques passives.

19

1.4.1 Attaques invasives

Le circuit est souvent détruit dans ce type d'attaques qui nécessitent d'abord une préparation de circuit en enlevant le boitier, et ensuite ou reconstruire le circuit (c'est ce qu'on appelle attaques par Reverse-engineering) ou extraire des données secrètes en utilisant des sondes (attaques par sondes).

Dans la Reverse-engineering, l'attaquant a besoin d'un accès direct aux différents éléments du circuit. Ceci nécessite du matériel spécifique afin de mettre le circuit intégré à nu et des connaissances électroniques pour comprendre l'architecture de la puce. Ensuite l'attaquant essaie de récupérer le maximum d'informations sur le circuit pour pouvoir le reconstruire en déduisant les algorithmes utilisés, la manière dont ils ont été implémentés et les moyens de sécurité mises en place pour enfin tenter de récupérer toute ou une partie de la clef. Par exemple, l'attaque présentée en [11] permet la reconstitution du layout du circuit en utilisant des techniques chimiques et de microscopie à haute résolution.

Dans les attaques par sonde, également, l'attaquant a besoin tout d'abord de mettre le circuit à nu, et ensuite d'espionner l'activité électrique du circuit en plaçant une sonde suffisamment proche de ses pistes de façon à pouvoir lire la valeur des signaux internes. En récoltant des données de cette manière, l'attaquant peut être en mesure de déduire toute ou une partie du secret recherché. Il faut remarquer que peu de laboratoires peuvent se permettre de mettre en place ce type d'attaque, car elle exige du matériel très perfectionné et coûteux.

1.4.2 Attaques semi-invasives

La notion d'attaques semi intrusives été introduite dans [12]. Dans ce type d'attaques la puce n'est pas détruite mais le package contenant la puce est enlevé afin de pouvoir réaliser l'attaque et observer de plus près le comportement de la puce ([13], [14] et [15]). Les attaques semi-invasives peuvent être effectuées en utilisant des outils tels que la lumière UV, les rayons X et d'autres sources de rayonnements ionisants, les lasers et les champs électromagnétiques. Ils peuvent être utilisés individuellement ou en combinaison les uns avec les autres. Les auteurs de [12] par exemple utilisent un flash de caméra pour cibler un transistor et faire changer l'état d'une cellule mémoire SRAM dans un microcontrôleur.

1.4.3 Attaques non invasives

Les attaques non invasives sont considérées comme une menace réelle en raison de leur caractère même. En plus, elles nécessitent souvent beaucoup moins d'équipement que les attaques invasives. L'attaquant observe ici les paramètres externes ou les phénomènes physiques liés au fonctionnement de la puce et liés aux données traitées . L'attaquant peut ainsi en déduire des informations sur la clef.

Il existe deux types d'attaques non invasives. *1) Les attaques par canaux cachés* où on retrouve les "Timing Attack" qui exploitent le temps d'exécution de la puce, la SPA (Simple Power Analysis) et la DPA (Differential Power Analysis) qui consistent à mesurer le courant consommé par la puce pendant son activité et enfin la SEMA (Simple Electro Magnetic Analysis) et la DEMA (Differential Electro Magnetic Analysis) qui exploitent le rayonnement électromagnétique dû à l'effet inductif produit par le courant passant dans la puce. Et en *2), Les attaques par fautes* qui consistent à perturber le déroulement du calcul d'un algorithme, en perturbant soit sa tension d'alimentation, son signal d'horloge, ou en introduisant volontairement des fautes pendant son exécution (pouvant être produites par un faisceau laser par exemple). Ce type d'attaques a été introduit par Boneh dans [16] et leur principe est: si l'attaquant peut provoquer un résultat erroné en sortie d'un chiffrement perturbé, et en le comparant avec un résultat du chiffrement correct, l'attaquant peut déduire des informations sur la clef secrète. Les attaques en fautes sont plus amplement détaillées dans le chapitre 2.

Attaques par canaux cachés :

• Les Attaques par analyse de temps d'exécution sont basées sur le fait que les algorithmes ayant un temps d'exécution non constant peuvent divulguer des informations secrètes. Un temps d'exécution non constant peut être causé par des branches conditionnelles dans l'algorithme, des techniques d'optimisation, etc. En 1996, Kocher a décrit dans [17] des attaques temporelles sur des algorithmes à clef publique tel le RSA. Les implémentations ciblées habituellement pour le RSA sont ceux utilisant l'algorithme de multiplication de Montgomery et la technique des restes chinois. Dans [18] les auteurs présentent une attaque temporelle contre un RSA utilisant la multiplication de Montgomery qui a permis de casser le RSA (512 bits) avec seulement 5000 mesures de temps.

• Les attaques par analyse de consommation : De nos jours, la technologie CMOS (Complementary Metal Oxid Semiconductor) est la technologie la plus couramment utilisée pour l'implémentation des circuits intégrés. La consommation des portes de cette technologie dépend essentiellement de leurs transitions (passage de l'état 0 à l'état 1, ou passage de l'état 1 à l'état 0). Cette consommation diffère suivant que l'on passe de l'état haut à l'état bas ou de l'état bas à l'état haut.

Les attaques par analyse de consommation exploitent le fait que le courant consommé dans un circuit intégré CMOS est lié aux transitions des portes internes, et donc par conséquent il est également lié aux données manipulées dans le circuit. Deux types d'attaques par analyse de puissance se distinguent. Une attaque par analyse simple (SPA), où l'attaquant et par une analyse simple du profil du courant consommé par le circuit essaie d'identifier des séquences spécifiques d'un algorithme par exemple et en déduire des informations sur la clef secrète. Et l'analyse différentielle (DPA), où l'attaquant utilise de nombreuses mesures du courant pour obtenir des courbes de consommations et fait ensuite ressortir des corrélations entre la consommation du circuit et la clef secrète recherchée. Les attaques matérielles par analyse de puissance contre les chiffrements par blocs sont décrites dans ([19], [20] et [21]). Les attaques par analyse de consommation seront plus détaillées dans le chapitre 4.

- Les attaques par analyse électromagnétique explorent l'information dans le champ électromagnétique qui est causé par les courants circulant dans les éléments d'un circuit intégré [22]. Quisquater et Samyde ont montré dans [23], qui est parmi les premiers articles publiés dans ce type d'attaques [24], la possibilité de mesurer le rayonnement électromagnétique d'une carte à puce avec leur dispositif de mesure qui été composé d'un capteur (bobine plate), un analyseur de spectre ou un oscilloscope et une Cage de Faraday. Et ont introduit également les termes Simple EMA (SEMA) et Différentiel EMA (DEMA).

Après avoir présenté les attaques selon leur caractère intrusif par rapport au circuit, nous allons présenter par la suite les attaques selon leur deuxième caractère qui est l'activité de l'attaquant pendant la réalisation de l'attaque.

1.4.4 Attaques actives

Les attaques actives requièrent diverses actions de la part de l'attaquant soit sur le circuit lui-même soit sur son environnement. Le but est de perturber le fonctionnement normal du composant afin de se retrouver dans un mode imprévu ou bien afin d'obtenir des résultats erronés.

1.4.5 Attaques passives

Lors d'une attaque passive, le pirate ne fait que mesurer certaines grandeurs physiques émanant du circuit pendant le fonctionnement normal du système.

1.4.6 Résumé

La plupart des attaques invasives récentes utilisant les sondes ou modifiant le circuit sont puissantes mais détruisent l'assemblage, exigent du temps ainsi qu'un budget important. Les attaques non invasives par canaux cachés utilisent les fuites liées aux données traitées telles le temps d'exécution, la consommation du circuit, ou les interférences électromagnétiques des signaux. Les attaques en fautes eux qui sont actives mais semi-ou non-invasives sont basées sur la perturbation du comportement de circuit et utilisent la production (attendue) des résultats erronés pour déduire des informations secrètes.

Le tableau qui suit rassemble ces différents types d'attaques suivant leurs deux caractères de différence:

Attaques	*Actives*	*Passives*
Non invasives	Attaques en fautes : *(Perturbation de l'alimentation, de signal d'horloge ou de température)*	Timing Attack : *(Analyse du temps d'exécution)* SPA et DPA : *(Mesure du courant consommé par le circuit)* SEMA et DEMA: *(Rayonnement électromagnétique)*
Semi invasives	Attaques en fautes : *(Perturbation lumineuse)*	
Invasives	Modification physique du circuit	

1.5 Conclusion

Les circuits sécurisés sont utilisés dans des domaines qui exigent de la confidentialité ainsi qu'un échange sécurisé des informations. Ainsi, ces circuits utilisent des algorithmes cryptographiques prouvés résistants aux attaques classiques (par cryptanalyse) de la part des organismes certifiés de l'état (le NIST par exemple).

À ce jour, l'AES n'a pas été cassé et résiste encore aux attaques par cryptanalyse. C'est la raison pour laquelle j'ai pris l'AES comme exemple applicatif d'étude dans ma thèse. D'autre part, et pour des raisons de performances, l'AES est souvent implémenté matériellement dans ces circuits. Cette implémentation s'avère rendre ces circuits sensibles à d'autres types d'attaques qui exploitent eux tout type d'information émanant du circuit pour en déduire la clef secrète (ou une partie).

Les attaques en faute par exemple sont basées sur l'injection d'une faute dans un circuit dans le but de perturber son fonctionnement normal. L'attaquant utilise le résultat erroné produit par cette perturbation d'une part et un résultat correct (sans injection de faute) d'autre part pour déduire la clef secrète. Ce type d'attaque se considère comme une réelle menace principalement pour son caractère non ou semi invasif qui les rend indétectables.

L'objectif de ma thèse est d'améliorer la résistance des circuits sécurisés vis-à-vis des attaques en faute. Pour cela, le chapitre suivant se portera sur ces attaques en fautes, les moyens nécessaires pour les réaliser, les méthodes d'exploitation de ces attaques et les différentes contremesures qui peuvent être mises en place pour les contrecarrer. Le chapitre 3 présentera les solutions que nous proposons pour améliorer la robustesse de ces circuits vis-à-vis des attaques en fautes.

Chapitre 2

Attaques en Fautes

Les circuits sécurisés traitent des informations confidentielles et peuvent être soumis à divers types d'attaques visant à révéler le secret, c'est-à-dire la clef permettant de chiffrer et déchiffrer un message. L'une de ces attaques consiste à provoquer une erreur de calcul. Par comparaison avec un calcul sans erreur, l'attaquant peut remonter jusqu'au secret, ou du moins une partie du secret. Ce type d'attaques nommé attaques en faute est référencé sous le terme générique de DFA pour Differential Fault Analysis. Pour produire une attaque DFA, il faut d'une part manipuler le circuit de façon à provoquer une erreur exploitable et d'autre part définir la méthode qui, à partir d'un calcul « fauté », permet de calculer une partie du secret (la clef). Les contre-mesures associées à ce type d'attaques consistent naturellement à révéler la présence d'une erreur en cours de calcul.

Ce chapitre est consacré à la présentation des attaques en faute et aux contre-mesures proposées jusque là. Il présente tout d'abord les différents moyens utilisés pour perturber un circuit et provoquer une faute, puis les différents types de fautes qui peuvent être engendrés par ces perturbations. Il décrit ensuite les méthodes par lesquelles l'analyse d'un résultat « fauté » permet de retrouver la clef secrète. Ce chapitre se termine par une présentation des différentes contre mesures proposées dans la littérature pour protéger les systèmes des attaques en fautes.

2.1   Mise en œuvre d'une attaque en faute

Le principe de ce type d'attaque repose sur le fait que l'attaquant peut perturber le fonctionnement normal d'un circuit pour en révéler les données confidentielles, il s'agit donc d'une attaque active. Certains des moyens d'attaques décrits ci-après ne demandent qu'une manipulation des signaux sur les broches d'entrée du circuit (attaques non invasives) et sont donc très facilement exploitables si aucune contre-mesure n'est mise en œuvre. D'autres demandent au moins l'ouverture du boitier (attaques semi-invasives) et des moyens pour réaliser l'attaque plus importants. Ils sont aussi plus difficiles à détecter ou à contrecarrer que de simples perturbations des signaux d'entrée. Ces attaques sont extrêmement puissantes et présentent une menace réelle. Il est extrêmement difficile de répertorier l'ensemble des fautes qui permettraient de révéler le secret. Tout dysfonctionnement utile à l'attaquant pourrait être envisagé : faute permettant de sauter une étape de vérification lors d'un protocole d'authentification, faute permettant de réduire la complexité d'un algorithme de chiffrement en réduisant le nombre d'itération normalement requises, etc... Les fautes produisant de tels dysfonctionnements nécessitent néanmoins de perturber une zone très précise du circuit. Il existe toutefois des attaques [25] qui ne demandent que l'obtention d'un résultat de chiffrement erroné et, éventuellement, le résultat de ce même chiffrement sans erreur. Le nombre d'erreurs produites reste néanmoins une contrainte comme cela sera détaillé dans la section 2.3. Nous présentons ici le principe et les moyens de mise en œuvre de telles attaques en décrivant à chaque fois les effets escomptés sur le circuit et les possibilités d'utilisation ([26] à [34]).

Les attaques en faute exploitent les propriétés physiques des circuits. Nous donnerons dans cette section, une vue globale des moyens permettant l'injection de fautes ([35] et [36]) que nous pouvons classer essentiellement en deux classes :

- Variation des conditions de fonctionnement standard du circuit.

- Exposition du circuit à une source optique.

2.1.1 Attaques par perturbation de la tension d'alimentation

Tout circuit est conçu de façon à tolérer une certaine variation d'alimentation électrique, typiquement de ±10% par rapport à la tension nominale [37]. En dehors de cette marge de tolérance, le circuit ne fonctionne plus correctement. Un moyen de "fauter" un circuit consiste donc à perturber l'alimentation. Plus l'alimentation est faible et plus les temps de propagation sont importants. Lorsque les temps de propagation d'un bloc combinatoire deviennent supérieurs à la période d'horloge, la valeur capturée en sortie du bloc dans l'élément de mémorisation (registre) est erronée.

Un moyen de contrôler l'instant d'injection est l'utilisation de pics de tensions. Prenons l'exemple d'une flip-flop, son rôle est de mémoriser une information le temps nécessaire à son traitement (une période d'horloge). Si l'une des valeurs mémorisées est affectée d'une erreur, le circuit passe dans un état logique erroné. Ceci peut conduire dans le cas d'un crypto-processeur à une mauvaise interprétation des instructions ou à un saut d'instructions par exemple.

L'utilisation de "glitchs" de tension comme moyens d'injection de fautes est décrit dans plusieurs documents ([38], [39] et [40]). Le phénomène produisant l'erreur qui sera exploitée pour remonter au secret est décrit dans l'exemple ci-dessous et est inspiré du document [38].

Dans le circuit de la Figure 10, un glitch négatif sur l'alimentation VDD ralentit la partie combinatoire du circuit, à tel point que le front validant de l'Horloge survient avant que la nouvelle valeur ne soit prête en sortie de la partie combinatoire D2. La valeur mémorisée dans le registre de sortie est donc erronée. La Figure 11 illustre le comportement des différents signaux en fonctionnement normal et en fonctionnement avec application de glitch de tension. On remarque que le glitch sur VDD entraine un retard sur D2 et une erreur sur Sortie.

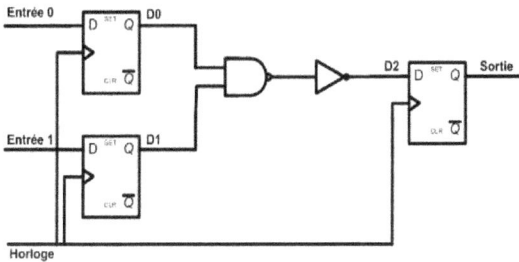

Figure 10: Circuit séquentiel synchrone

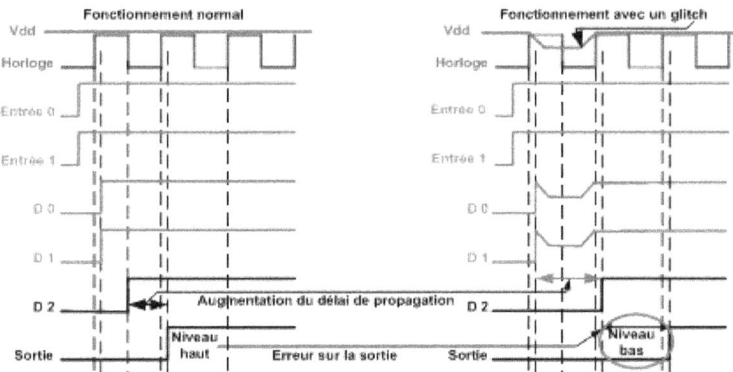

Figure 11: Simulation d'un glitch négatif sur Vdd

Dans cet exemple particulier, le glitch produit une erreur sur le seul bit de sortie. Bien entendu, le glitch peut produire plusieurs erreurs sur les différentes sorties liées à toute la partie combinatoire alimentée par la tension VDD sujette du glitch.

2.1.2 Attaques par perturbation de l'horloge

La violation des contraintes temporelles aussi peut être obtenue par « overclocking » ([40], [41], [42], [43] et [44]). Dans ce cas c'est le signal d'horloge qui est manipulé. Une augmentation de la fréquence permet de capturer des valeurs erronées dans les registres. L'expérience illustrée en

Figure 12, tirée de [45], montre comment une diminution progressive de la période d'horloge conduit à différents profils d'erreur sur les octets de sortie d'une ronde d'AES. La période idéale pour cet exemple particulier est de 350 ps, en particulier sur l'octet n° 7. Le nombre de bits erronés après diminution de la période d'horloge est indiqué par la couleur de la barre. Barre verte : pas d'erreur ; barre mauve : 1 bit erroné/8 ; barre orange : 2 bits erronés/8 ; barre rouge : plus de 2 bits erronés/8. Dans un premier temps, une diminution de la période n'entraine pas d'erreur sur l'octet 7. Après plusieurs diminutions successives on obtient une première erreur sur un seul bit D7 de l'octet 7, ce bit correspondant au chemin le plus long dans le calcul de l'octet. Après une nouvelle diminution de la période d'horloge, on obtient 2 bits erronés D4 et D7, puis 3 bits erronés D7, D4, D2 et ainsi de suite.

En augmentant globalement la fréquence de fonctionnement du circuit, le nombre d'erreurs augmente. Et comme nous le présenterons dans la section 2.3, Un grand nombre d'erreurs ne permet pas d'exploiter les méthodes DFA. Pour contourner ce problème, il est possible d'utiliser l'overclocking local (ou glitches d'horloges). Le principe est d'introduire un glitch sur une seule période d'horloge, ce qui permet ainsi de choisir le moment d'injection (cycle). La contrainte liée à l'injection de fautes par glitches est d'avoir un accès au signal d'horloge.

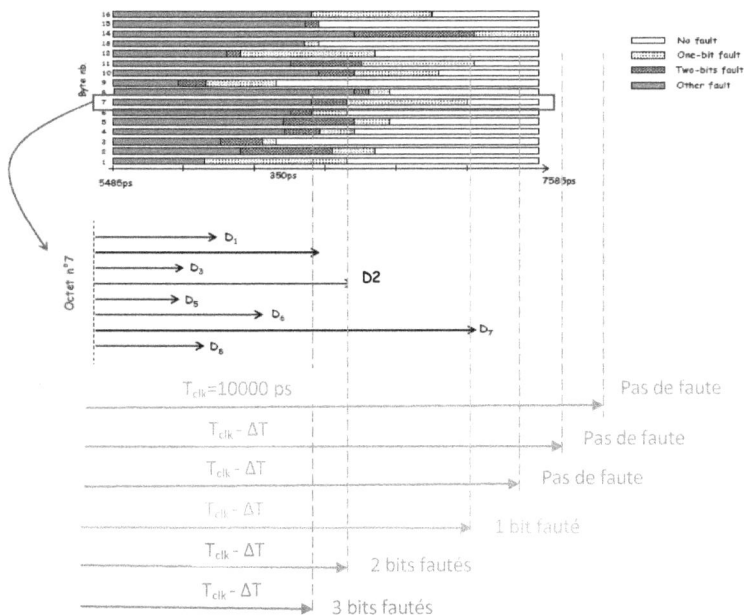

Figure 12: Effet d'un glitch d'horloge

2.1.3 Attaques par perturbation de la température

De même, une augmentation de la température produit une augmentation des temps de propagation. L'effet escompté dans ce cas est le même que celui recherché avec une baisse de l'alimentation ou de l'overclocking. Si les manipulations précédentes nécessitent une parfaite localisation dans le temps (choix d'un cycle « fauté »), les attaques par perturbation de la température demandent une localisation géométrique. Une expérience reportée dans [46] montre qu'il est possible d'induire une faute de commutation sur un bit unique au moyen d'un spot lumineux utilisé pour augmenter la température. Les auteurs précisent d'ailleurs que, sans une maitrise expérimentale parfaite, tout le système attaqué devient défaillant. Il est donc extrêmement difficile de ne produire que des erreurs exploitables. Les mêmes auteurs suggèrent d'accroître la température sur un point mémoire en réitérant de nombreuses actions d'écriture/lecture mais aucun résultat expérimental n'est reporté en ce sens.

29

2.1.4 Attaques Électromagnétiques

Les documents [43] et [47] décrivent comment des modifications du champ électromagnétique externe peuvent être exploitées pour injecter des fautes dans les systèmes.

En effet, placer un circuit à proximité d'un fort champ électromagnétique crée un courant de Foucault qui modifie le nombre d'électrons à l'intérieur d'une grille d'oxyde de transistors [36]. Cela modifie la tension de seuil du transistor de telle sorte qu'il ne peut plus commuter pendant la perturbation électromagnétique. Ainsi, suivant le type du transistor, ceci permet de s'assurer qu'une cellule mémoire contient la valeur 0 ou 1. Le courant de Foucault peut être créé en utilisant une bobine active avec suffisamment de puissance, ceci nécessite un matériel peu coûteux et permet d'avoir un contrôle très précis des bits touchés [48].

Toutefois, le principal problème d'une telle approche est de cibler des bits précis. Cela exige de l'adversaire de connaitre la disposition du dispositif attaqué (layout) afin de pouvoir contrôler la zone ciblée.

2.1.5 Attaques optiques

Ce type d'attaques semi-invasif nécessite l'ouverture du boitier et une diminution de l'épaisseur du silicium pour avoir une bonne pénétration des éléments perturbateurs tels que la lumière ou les ions lourds.

2.1.5.1 Injection de lumière

En 2002, Sergei Skorobogatov et Ross Anderson présentèrent un équipement assez simple et peu coûteux permettant d'injecter en pratique des fautes en utilisant un simple flash d'appareil photo. Cela leur a permis de modifier la valeur d'un bit d'une cellule mémoire [12].

Cette modification de valeur est due aux effets photoélectriques. Le principe est d'utiliser l'énergie d'une émission lumineuse pour perturber le silicium du composant : cette énergie est en fait absorbée par les électrons du silicium, les autorisant ainsi de passer de la bande de valence à la bande de conduction, créant des paires électron-trou qui forment un courant photoélectrique local et peuvent rendre passant un transistor originellement bloqué par la valeur de sa grille. L'effet observable est une éventuelle modification du niveau de tension sur la sortie d'une porte logique ou l'inversion d'un point mémoire, qui influence les portes logiques et les cellules mémoires du composant permettant de générer des fautes.

Le flash lumière ne permet généralement pas une localisation précise de l'injection de faute et provoque donc un disfonctionnement en de nombreux points du circuit attaqué.

2.1.5.2 *Injection de particules*

Une autre technique consiste à reproduire l'effet des particules présentes dans l'espace sur des composants fonctionnant dans cet environnement. Le principe est d'injecter des fautes en utilisant des ions lourds ou des particules ionisantes (neutrons, particules alpha, etc.). Ces injections de fautes peuvent être réalisées en utilisant des accélérateurs de particules [49]. Cependant, cet équipement coute cher et reste réservé à certains laboratoires.

En raison des contraintes de fabrication des canons à particules utilisés pour l'injection, il est difficile d'assurer un bon control spatial et temporel avec cette technique.

2.1.5.3 *Injection laser*

Pour présenter l'effet d'une injection laser on va considérer l'exemple d'une cellule mémoire SRAM (1 bit). Une classique SRAM (1 bit) est composée de deux inverseurs en plus de deux transistors de contrôle d'accès lecture/écriture dans la cellule. Chaque inverseur est composé lui-même de deux transistors. Par conception, la cellule mémoire admet deux états stables : « 0 » ou « 1 ». Pendant un état stable, deux transistors se trouvent dans l'état « passant » et deux dans l'état « bloqué ».

Quand un faisceau laser frappe le drain d'un transistor bloqué, et comme il traverse le silicium, l'énergie de ce faisceau laser peut créer des pairs électrons trous. Ces charges induites dans la jonction drain-substrat du transistor bloqué seraient collectées et créent un courant transitoire qui inverse logiquement la tension de sortie de l'inverseur. Cette tension inversée serait donc appliquée à son tour sur le deuxième inverseur qui va commuter vers son état inverse ([35] et [50]).

Les principaux avantages du laser sont qu'il permet une bonne maîtrise temporelle et spatiale de l'injection de fautes favorisant ainsi la reproductibilité de l'attaque, même si la réduction des motifs de gravure actuels complique le processus. L'autre avantage est que le coût des bancs laser est nettement inférieur à celui des accélérateurs de particules par exemple.

2.1.6 Résumé

Nous avons listé dans cette section les différents moyens possibles à un attaquant pour perturber et injecter des fautes dans un circuit qu'on peut classer selon leur degré de précision.

L'attaquant peut soit perturber le fonctionnement du circuit sans aucune précision (par ex. champ magnétique, température) et on retrouve dans ce cas des fautes qui affectent un grand nombre de ses éléments, ou soit il peut perturber d'une façon plus précise dans le temps et dans l'espace (ex. laser) et la faute se trouve localisée dans ce cas sur l'élément ciblé.

Le risque avec la perturbation sans précision est que l'on peut créer tellement d'erreurs que le comportement fautif résultant du circuit ne peut plus être exploité par l'attaquant. Quand aux secondes, le souci c'est qu'elles demandent une connaissance impérative de l'implantation physique du circuit attaqué et souvent une très bonne précision dans l'attaque.

2.2 Types de fautes et leurs effets

Les différents types de perturbations présentés précédemment peuvent provoquer des erreurs de fonctionnement d'un circuit. Ce sont ces erreurs (qui sont provoquées par les fautes) qui sont ensuite exploitées par l'attaquant. Suivant l'effet désiré ou recherché par l'attaquant, on peut classer les fautes en destructives, où le circuit est détérioré définitivement, ou en permanentes où la faute persiste tant qu'on n'a pas encore réinitialisé le système, ou encore en fautes transitoires lorsque les fautes affectent le circuit pendant une courte durée de temps.

2.2.1 Fautes destructives

Les fautes destructives modifient définitivement le comportement du circuit, car une fois injectées, le circuit ne pourra plus être utilisé dans son comportement initial. Cela peut être provoqué par une émission laser à haut niveau d'énergie sur une cellule mémoire par exemple. Dans ce cas, la cellule mémoire ne peut plus être réécrite.

Changer la valeur d'une cellule mémoire (contenant des variables ou du code) définitivement peut être extrêmement efficace, en particulier lorsqu'elles sont liées aux objets sensibles de la carte, tels qu'un PIN ou une clef. Ceci peut être exploité pour contourner des testes de vérification d'un code par exemple.

2.2.2 Fautes Permanentes

Les fautes permanentes persistent jusqu'à réinitialisation du circuit ou réécriture dans l'élément mémoire contenant l'erreur provoqué par la faute. En appliquant un laser sur un point mémoire par exemple, on peut faire basculer son état, c'est ce qu'on appelle un SEU (Single Event Upset). Dans ce cas, la mémoire garde cette valeur et ne change plus d'état tant qu'on n'a pas encore réécrit dans la cellule ou réinitialisé le système. Ceci peut être utilisé par exemple pour contourner une vérification de code pendant le fonctionnement en cours du circuit.

2.2.3 Fautes Transitoires

Les fautes transitoires n'affectent le comportement du circuit que sur une durée limitée (un ou plusieurs cycles d'horloge), provoquant des erreurs de fonctionnement du circuit. Le circuit reprend son fonctionnement correct après arrêt de la source de perturbation. L'erreur découlant du comportement fautif d'un ou plusieurs éléments du circuit peut elle se propager pendant plusieurs cycles d'horloge. Ce type de fautes est le plus communément exploité par les attaques en fautes.

Un type des fautes transitoires appelé fautes de délai consiste à influencer le temps de propagation d'une porte logique, ainsi la porte met plus que le temps prévu pour changer l'état de sa sortie. Une porte à l'état logique 0 (respectivement à 1) avec une faute de retard ou délai met un certain retard avant de passer à l'état 1 (respectivement 0) à la sortie. Cette porte peut être assimilée à une porte avec un collage à 0 (respectivement collage à 1) sur la sortie pendant ce temps de retard. Ce retard peut être produit par exemple avec le chauffage d'un circuit, ceci crée des erreurs suite à l'allongement du temps de propagation, le circuit reprend son fonctionnement correct une fois la température diminue. Aussi, une diminution de tension d'alimentation provoque un retard dans la commutation des portes, ce qui provoque pareil des erreurs sur les sorties (cf. paragraphe 2.1.1).

Un autre type de fautes transitoires se nomme SET (Single Event Transient) consiste en un changement d'état d'un signal logique. L'application d'un laser par exemple peut provoquer ce type de fautes. S'il n'y a pas de masquage, l'erreur peut se propager vers une ou plusieurs sorties.

Pour considérer un système robuste des attaques en fautes, il faut être capable de détecter toute erreur pouvant affecter le bon fonctionnement du circuit, même si la faute est de courte durée (fautes transitoires). Pour ce, une détection d'erreur en ligne reste la solution la plus adéquate.

2.3 Exploitation des attaques en fautes

Depuis le milieu des années 90, de nombreux travaux ont été développés qui consistent à exploiter les fautes (et les erreurs qu'elles produisent) pour remonter à la clef secrète en comparant le résultat d'un chiffré « fauté » avec celui du chiffré obtenu sans perturbation du circuit.

La première attaque de ce type décrite de façon officielle fut l'attaque de Bellcore publiée en 1996 [25], par Dan Boneh, Richard DeMillo et Richard Lipton. Cette attaque vise et exploite une implantation spécifique de l'algorithme RSA.

En effet, l'implantation directe de l'exponentiation modulaire (sur la taille de N) s'avère très coûteuse en termes de silicium. Pour contourner ce problème, on a recours au théorème des restes chinois [51], qui décompose l'exponentiation modulaire en deux exponentiations de moindre complexité (de taille deux fois plus petites).

Les équations qui suivent décrivent le calcul de la signature RSA.

$$N = P * Q, \quad \text{où } P \text{ et } Q \text{ sont premiers}$$

$$Signature : Scrt = M^d \bmod N$$

En utilisant le théorème du reste chinois, le calcul devient :

$$Scrt = A * (M^{d \bmod (P-1)} \bmod P) + B * (M^{d \bmod (Q-1)} \bmod Q)$$

$$\text{Où } A = 1 \bmod P \text{ et } A = 0 \bmod Q$$

$$Et \ B = 0 \bmod P \text{ et } B = 1 \bmod Q$$

L'attaque consiste à injecter une faute dans l'une des deux sous-exponentiations qu'on nommera Sp et Sq. Ainsi, si on suppose qu'une ou plusieurs fautes corrompent le calcul de l'une de ces deux sous-expansions, et en comparant le résultat d'une signature correcte avec une signature faussée il est possible de factoriser N et de retrouver la clef secrète. Les équations qui suivent décrivent comment on peut exploiter le théorème du reste chinois pour factoriser une clef RSA.

$$Scrt = A * Sp + B * Sq$$

$$Scrt' = A * Sp' + B * Sq$$

$$Scrt - Scrt' = A * (Sp - Sp') \quad avec \ A = 0 \bmod Q$$

$$PGCD(Scrt - Scrt', N) = Q$$

Ainsi, un calcul du plus grand diviseur donne Q. De la même manière, si Sq est fauté on trouvera P.

Depuis, des attaques similaires ont été proposées pour de nombreux algorithmes de chiffrement différents ([28], [29], [30], [31], [32], [34] et [52]). Dans cette section, nous présenterons les attaques développées pour révéler la clef du chiffrement AES. Nous nous attacherons chaque fois à décrire l'effet escompté de la faute produite, effet sans lequel l'attaque ne peut être menée à bien.

2.3.1 Attaques sur 1 bit

L'une des premières méthodes de cryptanalyse utilisant les fautes sur l'AES a été publiée par Christophe Giraud en 2005 [53]. La faute injectée doit affecter un bit unique sur un octet parmi les 16 octets de la matrice d'état au début de l'exécution de la dernière ronde du cryptage (la 10ème ronde). L'erreur de données en début de la dernière ronde affecte la sortie de l'opération SubBytes (sous forme de SET), et si elle se propage, elle affecte aussi un (et seulement un) octet de la matrice d'état finale (un SEU) (puisque la dernière ronde AES n'inclut pas l'opération MixColumns).

Le synoptique de la dernière ronde de l'AES est présenté à la Figure 13.

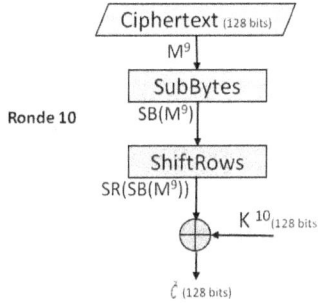

Figure 13 : La 10 éme ronde de l'AES.

La valeur de donnée de la sortie est :

$$C = ShiftRows\big(SubBytes(M^9)\big) \oplus K^{10} \qquad\qquad eq. \ 1$$

L'opération ShiftRows implique seulement un changement de positions d'octets mais n'altère pas la valeur d'aucun d'eux. Pour simplifier, on va omettre l'opération

ShiftRows des équations en notant par $ShiftRow_{(i)}$ la position de l'octet i après l'opération ShiftRows. On obtient d'après l'équation *eq.1* pour chacun des 16 octets de données :

$$C_{ShiftRow\ (i)} = SubBytes(M_i^9) \oplus K_{ShiftRow\ (i)}^{10} \qquad \forall i \in \{0, \dots, 15\} \qquad eq.2$$

Soit l'erreur e sur un bit d'un octet j au début de la dernière ronde (j=13 sur la Figure 14):

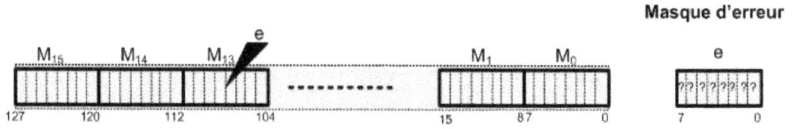

Masque d'erreur

Figure 14 : Resgistre de la ronde 10

On obtient un chiffré erroné $\tilde{C}$ qui est de la valeur suivante:

$$\tilde{C}_{ShiftRow\ (j)} = SubBytes\left(M_j^9 \oplus e\right) \oplus K_{ShiftRow\ (j)}^{10} \qquad eq.3$$

Et pour tous les autres octets i du registre de ronde, c.-à-d. pour $i \in \{0, \dots, 15\}$ *et* $i <> j$, il n'y a pas d'erreur, donc :

$$\tilde{C}_{ShiftRow\ (i)} = SubBytes\left(M_i^9\right) \oplus K_{ShiftRow\ (i)}^{10} \qquad eq.4$$

Par conséquent, nous avons 2 cas :

Lorsqu'il n'y a pas d'erreur dans l'octet i, on obtient à partir des équations *eq.2* et *eq.4*:

$$C_{ShiftRow\ (i)} \oplus \tilde{C}_{ShiftRow\ (i)} = 0 \qquad eq.5$$

Et lorsque l'octet M_j^9 (M_{13}^9 dans notre exemple) est affecté d'une erreur, nous obtenons à partir des équations *eq.2* et *eq.3* :

$$C_{ShiftRow\ (i)} \oplus \tilde{C}_{ShiftRow\ (i)} = SubBytes(M_j^9) \oplus SubBytes(M_j^9 \oplus e) \qquad eq.6$$

Pour extraire la clef, on commence par déterminer la valeur de ShiftRow(j) à partir de la position du seul octet qui nous donne une valeur non nulle de $C \oplus \tilde{C}$, et on déduit ainsi la valeur de j (c.à.d. la position de l'octet erroné).

Ensuite, on utilise une méthode de comptage pour trouver la valeur de M_j^9 : On suppose la valeur de l'erreur e_j (8 possibilités, chacun des bits de l'octet pouvant être erroné), et on calcule l'ensemble des valeurs possibles de M_j^9 qui vérifient l'équation *eq.6*.

En utilisant plusieurs chiffrés erronés obtenus avec une faute injectée sur l'octet j de M^9, la valeur correcte de M_j^9 sera comptée plus fréquemment que les autres valeurs, ce qui permet ainsi d'identifier sa valeur correcte.

Cette méthode est donc itérée sur tous les autres octets jusqu'à l'obtention de toutes les valeurs constituants M^9.

A partir de l'équation *eq.1*, on peut facilement obtenir la clef de la ronde K^{10}. La clef primaire K^0 peut être alors dérivée mathématiquement de K^{10}.

La valeur d'un octet pouvant être déduite en utilisant 3 chiffrés erronés et l'AES comportant 16 octets, la clef de l'AES peut être obtenue à partir de 3x16=48 chiffrés erronés.

Cette attaque suppose que l'on est capable d'affecter le calcul de l'AES de telle sorte qu'un seul bit d'entrée de la dernière ronde soit erroné et qu'il est possible de modifier successivement un bit de chacun des octets. Les fautes injectées doivent disparaître entre chaque itération de l'attaque pour pouvoir comparer des résultats erronés sur un seul bit avec des résultats corrects. Une attaque laser avec localisation spatiale et temporelle sur un seul bit est envisageable mais demande beaucoup de précision.

Dans [54], Blömer et Seifert ont proposé une attaque nommée "Safe error" basée sur le principe suivant : « l'attaque a-t-elle modifié le comportement du circuit? ». Soit l'attaque modifie le résultat d'encryption, et dans ce cas on peut en déduire que le bit attaqué a été modifié, ou soit le résultat de l'encryption est le même avec ou sans attaque et on peut en déduire que le bit attaqué n'a pas été modifié. Ceci permet de déduire ensuite la valeur d'un bit de la clef de chiffrement. Pour déterminer la clef, l'attaque se base sur l'injection d'une faute qui ne doit affecter qu'un seul bit du message pendant le cryptage :

Notons le bit l dans un octet de clef K_i ($i = 1,..16$) par K_i^l et dans un octet d'état par M_i^l ($0 \leq l < 7$).

On considère le texte clair (00000000) à l'entrée du chiffrement. Avant la première ronde, on effectue l'opération suivante qui correspond à la ronde 0:

$$M_i = (00000000) \oplus K_i \qquad pour\ tout \quad i = 1, .., 16.$$

Puisque le texte clair est égal à (00000000), nous obtenons donc :

$$M_i = K_i \qquad pout\ tout \quad i = 1, ..., 16.$$

Avant de commencer l'opération suivante, qui est l'opération SubBytes de la ronde 1, l'attaquant injecte une faute pour forcer un bit 1 choisi de l'octet M_i à 0, et seulement M_i^l. Et on continue le reste des opérations du chiffrement sans injecter d'autre faute.

Pour déduire la valeur du bit de la clef de chiffrement, on retrouve deux possibilités :

- Si initialement K_i^l était égal à zéro, alors imposer M_i^l à zéro n'a pas changé sa valeur (puisque $M_i = K_i$). Et nous obtiendrons ainsi à la fin du chiffrement un texte chiffré qui correspond au chiffré attendu pour un texte clair qui est égal à (00000000).

- Si K_i^l était égal à 1, l'erreur $M_i^l = 0$ conduira à un chiffré erroné différent du chiffré attendu pour le texte clair (00000000).

En total, la clef de chiffrement complète peut être déterminée en cryptant 8×16 fois le texte clair (00000000), en induisant à chaque fois une erreur sur un seul bit du message en début de la ronde 1. Comme précédemment, cette attaque théorique suppose que l'attaquant est capable d'injecter de façon transitoire des erreurs sur chacun des bits du message, il est même demandé ici à ce que l'attaque permette d'imposer un 0 sur chacun des bits ciblés. Les attaques optiques par injection de lumière tels celle de [12]peuvent être envisagés pour réaliser cette attaque.

Dans [55] les auteurs présentent une autre attaque basée sur l'injection d'une faute ne devant affecter qu'un bit pendant l'exécution d'un chiffrement de l'AES. L'attaque exploite les effets de collision : deux résultats intermédiaires de deux calculs de l'AES avec deux entrées primaires différentes (un calcul réalisé sans erreur, et un avec injection de faute) donnent le même résultat. Lorsqu'il y a collision, la clef peut être retrouvée à partir des messages conduisant à la collision.

2.3.2 Attaques sur 1 octet

Les attaques précédentes supposaient qu'un seul bit du message en cours du chiffrement était affecté par l'attaque. Considérons maintenant les attaques telles que plusieurs bits sont affectés, tous les bits affectés devant néanmoins appartenir au même octet.

Dans [53] Giraud propose une deuxième méthode d'exploitation des attaques, plus complexe, où les erreurs prises en compte affectent un octet unique mais affectent éventuellement plus qu'un bit. L'attaque consiste à affecter successivement les bits de clef puis les bits de message. Trois étapes sont nécessaires, chacune demande l'injection d'une faute :

1ére faute injectée : recherche des 4 derniers octets de la clef de ronde 9 K^9 (octets 12, 13, 14 et 15) :

On suppose que l'on connait la valeur du chiffré correct C et du chiffré erroné $\tilde{C}$ obtenus à partir du même texte clair M, et que la faute perturbe l'un des octets de K^9 juste avant la dérivation de la clef de ronde suivante K^{10} (Figure 15). La matrice de carrés représente les 16 octets de clef ou du message, les carrés grisés représentent les octets affectés par la faute.

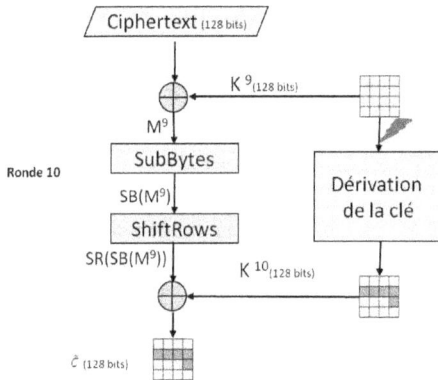

Figure 15 : 1ére étape de l'attaque : faute sur un octet de la clef de ronde 9

La faut injectée sur la clef de la ronde K^9 juste avant la dérivation de la clef suivante doit affecter 5 octets de K^{10} (Figure 15). Pour ce, il faut que la faute affecte seulement l'un des 4 derniers octets de K^9. Si cette condition est validée, deux parmi les quatre derniers octets du chiffré erroné $\tilde{C}$ vont être différents du chiffré correct C (dernière colonne de la matrice du chiffré résultant dans la Figure 15). Si cette condition est non validée après vérification sur le chiffré résultant, un autre chiffré erroné est régénéré de la même manière en induisant une faute sur K^9 et en revérifiant jusqu'à validation de cette condition.

Lorsque la condition est vérifiée, on commence par identifier la position j de l'octet de clef qui a été perturbé par la faute K_j^9. Pour le faire, on recherche la position du seul octet non nul parmi les 4 premiers octets de $C \oplus \tilde{C}$ (première colonne de la matrice du chiffré résultant dans la Figure 15). Ensuite, on cherche la valeur e_j de l'erreur. Nous avons par définition:

$$C_j = SubBytes(M^9_{ShiftRows^{-1}(j)} \oplus K_j^{10} \qquad \forall\, j \in \{0, \dots, 15\} \qquad eq.7$$

Et pour un chiffré erroné nous avons:

$$\tilde{C}_j = SubBytes(M^9_{ShiftRows^{-1}(j)}) \oplus K_j^{10} \oplus e_j \qquad\qquad eq.8$$

On peut obtenir la valeur de e_j en calculant $C_j \oplus \tilde{C}_j$.

A cette étape, nous connaissons la position j de l'octet de la clef erroné K_j^9 et la valeur e_j de l'erreur. A partir de l'équation **eq.9** nous pouvons déduire la valeur du K_j^9 :

$$C_K \oplus \tilde{C}_K = SubBytes(K_j^9) \oplus SubBytes\,(K_j^9 \oplus e_j) \qquad\qquad eq.9$$

Les valeurs de $C_K \oplus \tilde{C}_K$ et e_j étant connus, on va chercher les valeurs possibles de $K_j^9 \in \{0, \dots, 255)$ satisfaisant l'équation *eq.9*.

Deux valeurs sont possibles pour résoudre l'équation *eq.9* : (K_j^9) et $(K_j^9 \oplus e_j)$. On va donc injecter une deuxième faute e'_j sur le même octet j de K^9. Nous aurons donc (K_j^9) et $(K_j^9 \oplus e'_j)$ en tant que solutions possibles pour l'équation *eq.9*. Ceci nous permettra de déduire la valeur de K_j^9 puisqu'elle est la seule valeur satisfaisant l'équation *eq.9* dans les deux calculs.

Avec cette attaque, on obtient la valeur des 4 derniers octets (de K_{12}^9 à K_{15}^9) de la clef de ronde K^9 avec une moyenne de 32 chiffres erronés.

2éme faute injectée : recherche des 4 avant derniers octets de la clef de ronde K^9 (octets 8, 9, 10 et 11):

Une faute est injectée pour affecter un octet de la clef de la huitième ronde K^8 avant la dérivation de la clef de ronde 9 (Figure 16). La faute affectera ainsi 5 octets de la clef suivante K^9 et 10 octets de la clef K^{10} (comme précédemment, les octets affectés sont visualisés dans la Figure 16 par des carrés grisés).

40

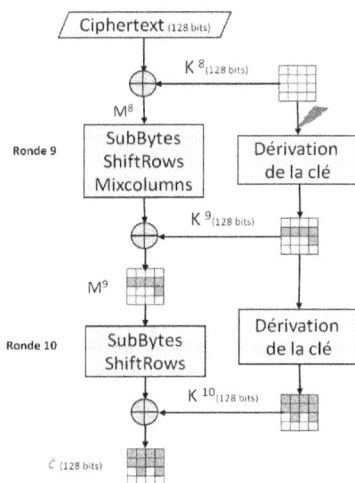

Figure 16 : 2éme étape de l'attaque : faute sur un octet de la clef de ronde 8

Comme dans la première étape de cette attaque, la faute ne sera exploitable que si elle perturbe un seul des 4 derniers octets de K^8. Si cette condition est non satisfaite, on régénère un autre chiffre erroné avec une faute sur K^8 jusqu'à satisfaction de cette condition.

Aussi, comme dans la première étape de l'attaque, on peut identifier la position j de l'octet qui a été perturbé par la faute, en retrouvant le seul octet qui nous donne un résultat nul cette fois-ci parmi les 4 derniers octets de $C \oplus \tilde{C}$ (dernière colonne de la matrice du chiffré résultant dans la Figure 16), et obtenir la valeur de la faute e_j en calculant $C_j \oplus \tilde{C}_j$ (*eq.7* et *eq. 8*).

Connaissant la position j de l'octet qui a été perturbé par la faute et la valeur e_j de cette faute. Voici comment on peut obtenir la valeur de K^8_j : en introduisant une faute sur K^8_j, quatre octets parmi les cinq erronés de la 9éme ronde seront différents des octets aux mêmes positions de la 9éme ronde de la clef correcte. Ces quatre différences sont égales et nous les notons X (Figure 17). e_j est la faute induite dans un octet de K^8, il en résulte 5 octets affectés dans la clef K^9 et 9 ou 10 dans la clef K^{10} (carrés grisés de la Figure 17).

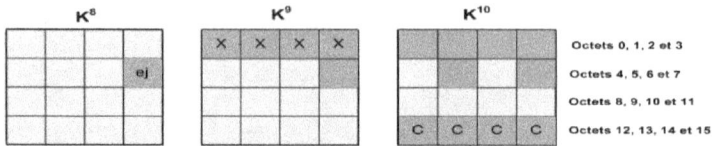

Figure 17 : Effet de l'injection d'une faute sur les octets de K^9 et K^{10}

X résulte du passage de l'octet de $K_j^8 \oplus e_j$ dans la SBox de dérivation de clef : on peut retrouver la valeur de K_j^8 si X est connu (puisque e_j est déjà trouvée).

Notons C ce qui résulte du passage de l'octet de $K_j^9 \oplus X$ dans la SBox de dérivation de clef. C et K_j^9 sont connus (les quatre derniers octets de la clef de ronde 9 (12, 13, 14 et 15) étant déjà trouvés grâce à la première étape de l'attaque). On peut donc retrouver la valeur de X qui satisfait:

$$\tilde{C}_K \oplus C_K = SubBytes(K_k^9) \oplus SubBytes(K_K^9 \oplus X) \qquad eq.10$$

Maintenant que nous avons la valeur de X, on peut obtenir la valeur de K_j^8 à partir de l'équation suivante:

$$X = SubBytes\big(K_j^8 \oplus e_j\big) \oplus SubBytes(K_j^8) \qquad eq.11$$

Avec la valeur de X déjà obtenue a partir de l'équation *eq.10,* on peut chercher toutes les valeurs possibles pour K_j^8 satisfaisant *eq.11*.

Comme dans le paragraphe 2.3.1 (Attaques sur 1 bit), on utilise la méthode de comptage afin de trouver la valeur correcte de K_j^8.

Pour déterminer K_{12}^8, 13 chiffrés erronés obtenus a partir du même texte clair sont nécessaires, et 2 chiffrés erronés pour obtenir K_{13}^8, K_{14}^8 ou K_{15}^8 .

Une fois les 4 derniers octets de la clef K^8 trouvés, on peut obtenir les 4 avants derniers octets de la clef K^9 (K_8^9 , K_9^9 , K_{10}^9 et K_{11}^9) à partir de :

$$K_i^9 = K_{i+4}^8 \oplus K_{i+4}^9 \qquad \forall i \in \{8, \dots ,11\} \qquad eq.12$$

A cette deuxième étape de l'attaque, nous connaissons la valeur des 8 derniers octets de la clef de ronde K^9 avec une moyenne de 240 chiffrés erronés.

3iéme et dernière faute injectée :

Dans cette troisième et dernière étape de l'attaque, la faute est injectée sur l'un des octets de données M^8 avant d'exécuter la ronde 9 (Figure 18).

En raison des propriétés des opérations ShiftRows et Mixcolumns, la faute doit affecter l'un des 8 octets suivants de M^8 : (M^8_{12}, M^8_1, M^8_6 ou M^8_{11}) ou respectivement (M^8_8, M^8_{13}, M^8_2 ou M^8_7). Seuls ces octets seront combinés avec les octets déjà connus de la clef K^9 (de K^9_{12} à K^9_{15}) (respectivement(de K^9_8 à K^9_{11})) après les opérations SubBytes, ShiftRows et MixCumns.

Pour le vérifier, nous observons le chiffré erroné : si seulement les 4 octets $\tilde{C}_{12}, \tilde{C}_9, \tilde{C}_6, \tilde{C}_3$ (octets grisés du chiffré final dans la Figure 18) (respectivement $\tilde{C}_8, \tilde{C}_5, \tilde{C}_2, \tilde{C}_{15}$) diffèrent de C_{12}, C_9, C_6, C_3 (respectivement C_8, C_5, C_2, C_{15}) du chiffré correct, cela signifie que la faute a bien affecté l'un des 8 octets de M^8 déjà cités.

Ensuite, on fait une hypothèse sur la valeur de la faute e_j ($1 \leq e_j \leq 255$) et on liste exhaustivement toutes les valeurs possibles des 4 derniers octets (de 12 à 15) du résultat intermédiaire du M^9 avant l'application de l'opération MixColumns satisfaisant les différences observées sur la sortie entre le chiffré erroné et le chiffré correct sur les octets 12, 9, 6 et 3.

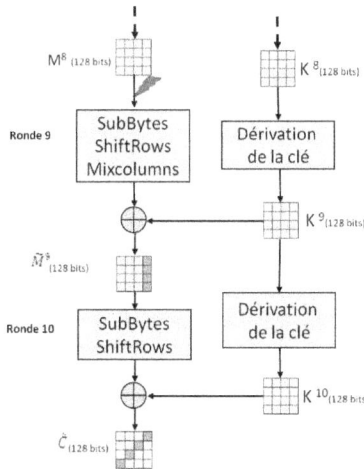

Figure 18: 3iéme étape de l'attaque, fauter un octet du message en ronde 8

On applique le même raisonnement à un autre chiffré erroné qui diffère du chiffré correct sur les mêmes 4 octets (12, 9, 6 et 3), et on liste exhaustivement les valeurs possibles des 4 derniers octets du résultat intermédiaire. Il existe une seule valeur qui sera présente dans les deux listes. C'est la valeur correcte des 4 derniers octets du résultat intermédiaire du M^9 avant la transformation MixColumns de la ronde 9.

En procédant de la même façon, cette fois-ci avec deux autres chiffres erronés dans lesquels $\tilde{C}_8, \tilde{C}_5, \tilde{C}_2, \tilde{C}_{15}$ diffèrent de C_8, C_5, C_2, C_{15}, nous obtenons les 4 avant derniers octets (de 8 à 11) corrects du résultat intermédiaire du M^9 avant d'appliquer la transformation MixColumns de la ronde 9.

Après avoir trouvé les valeurs des 8 derniers octets du résultat intermédiaire précédant la transformation MixColumns de la ronde 9, on applique l'opération MixColumns à ces 8 octets, et on applique après au résultat un ou-exclusif avec les octets correspondants de la clef de la ronde K^9 (de K_8^9 à K_{15}^9). On applique ensuite les opérations de la ronde 10 (SubBytes et ShiftRows) et nous obtenons ainsi les 8 derniers octets du résultat intermédiaire avant le ou-exclusif avec la clef de ronde 10 K^{10}. On applique un ou-exclusif entre ce résultat et les 8 octets correspondant du chiffré correct C et on obtient les octets $K_2^{10}, K_3^{10}, K_5^{10}, K_6^{10}, K_8^{10}, K_9^{10}, K_{12}^{10}$ et K_{15}^{10}.

En utilisant les 8 octets connus de K^9 (les 8 derniers obtenus à partir de la 1ère et 2éme étape de l'attaque), on peut obtenir 6 octets supplémentaires de K^{10}. Finalement, on trouve les deux derniers octets inconnus de K^{10} avec une recherche exhaustive. La clef complète de l'AES est obtenue à partir de K^{10}. Elle est obtenue en utilisant 248 chiffres erronés en moyenne.

L'attaque sur un bit de [54], basée sur le principe du "safe error", peut être étendue à une attaque sur 1 octet. Dans un premier temps on force tous les bits d'entrée d'une SBox à 0 avec un collage, et on exécute l'AES. Et dans un second temps, en applique les 256 valeurs d'entrée possibles à la SBox. Une collision apparaît lorsque l'octet de données a la même valeur que l'octet de clef recherché. Dans ce cas, le résultat du chiffrement serait égal à celui obtenu en collant les bits d'entrée de la SBox à 0.

Le lecteur pourra se référer aux articles ([56] et [57]) pour d'autres attaques basées sur l'injection de fautes sur un octet à la fois. Ces attaques demandent moins de précision que les précédentes puisque les fautes modifiant la valeur de l'octet « attaqué » peuvent affecter n'importe quels bits de cet octet.

2.3.3   Attaques sur plusieurs octets

Dans [58] les auteurs présentent une attaque sur plusieurs octets simultanés avec deux modèles de fautes. Les octets affectés doivent impérativement appartenir à la même colonne après l'opération MixColumns de la ronde 9. Le premier modèle suppose qu'au moins un octet de la colonne attaquée est non affecté par la faute (c.-à-d. que la faute affecte 1, 2 ou 3 octets). Le deuxième modèle suppose que les 4 octets de la colonne attaquée soient tous affectés.

La Figure 19 illustre cette attaque en utilisant le premier modèle. La faute est injectée à l'entrée de l'opération MixColumns de la ronde 9. On Suppose que l'erreur produite par cette faute affecte 3 des 4 octets de la première colonne du message en cours de chiffrement.

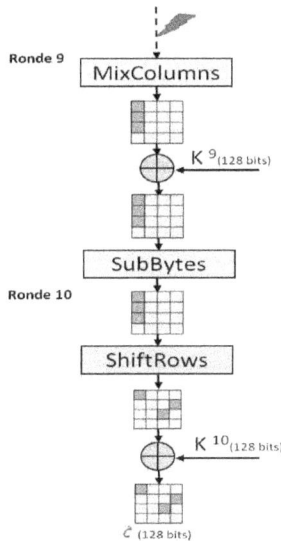

Figure 19 : Effet de la faute à partir de l'opéartion MixColumns de la ronde 9 de l'AES jusqu'à la fin du chiffrement

On connait la différence produite par l'erreur à la sortie de l'opération SubBytes entre le texte chiffré correct et erroné (on retrouve cette différence dans les octets grisés du chiffré final de la Figure 19). Pour retrouver la clef, on liste toutes les valeurs possibles de la première colonne à l'entrée SubBytes de la dernière ronde satisfaisant cette différence. Ensuite, on génère d'autres chiffrés erronés en utilisant le même texte clair et en injectant une autre faute qui satisfait aussi le même modèle de faute (le premier dans ce cas). On génère après un deuxième ensemble qui rassemble aussi les valeurs possibles de la première colonne à l'entrée de SubBytes satisfaisant la différence observée à la sortie finale entre le chiffré erroné et correct. On fait l'intersection des deux ensembles déjà trouvés pour diminuer la taille des valeurs possibles de la colonne recherchée. On continue à répéter le même processus jusqu'à ce qu'il ne nous reste qu'une seule valeur de colonne dans la liste. Ce sont les quatre valeurs d'octets à l'entrée de SubBytes.

On connait le résultat correct du chiffrement (sans injections de faute), nous pouvons retrouver donc la valeur des quatre octets de la clef de la 10iéme ronde K^{10}.

On ré-exécute cette méthode pour les trois autres colonnes à l'entrée de l'opération MixColumns de la ronde 9 afin de retrouver les 12 valeurs d'octets restants de la clef de la dernière ronde K^{10}. Ainsi, mathématiquement nous pouvons tirer la clef secrète principale complète du système attaqué.

La deuxième attaque proposée par les mêmes auteurs s'appuie sur le deuxième modèle de faute (les 4 octets d'une même colonne sont affectés). Pour extraire la clef K, 6 chiffrés erronés en moyenne sont nécessaires pour le premier modèle, et 1495 en moyenne pour le deuxième modèle de faute.

2.3.4 Résumé

Au regard de tout ce qui a été présenté jusqu'ici, on peut tirer les conclusions suivantes:

- La plupart des méthodes permettant d'exploiter les attaques en faute (section 2.3) focalisent sur la production d'une erreur sur un seul octet en sortie du processus. Cette erreur peut concerner un bit unique (ex. [53], [54] et [55]) ou jusqu'à 8 bits de l'octet (ex. [53], [54], [56] et [57]). Toute contre-mesure permettant de détecter une erreur quelconque (de 1 à 8 bits) sur chacun des octets est efficace pour se prémunir des ces attaques en faute.

- Considérant la variété des attaques proposées dans la littérature, et notamment les instants où la procédure AES est affectée par ces attaques, toutes les rondes de l'AES peuvent être le siège d'injections de faute. Ainsi, le mécanisme de protection de données doit s'étendre sur tout le processus AES.

- Bien que les fautes produisant des erreurs sur plus d'un octet ne soient pas exploitables par les méthodes proposées dans la littérature jusque là (sauf l'attaque reportée dans [58]), il n'est pas inutile de les détecter. D'une part, cela permet de détecter que le circuit est sujet à une attaque et éventuellement de déclencher une alarme avant que l'attaquant ne réussie à procéder à une attaque produisant les erreurs voulues (pour le cas des attaques basées sur le laser par exemple, de nombreux tirs laser sont nécessaires en pratique avant de réussir à faire basculer les bits d'un seul octet). D'autre part, les progrès réalisés en attaques peuvent rendre ces erreurs exploitables dans l'avenir.

2.4   Contre-mesures aux attaques en fautes

Plusieurs types de contre mesures ont été envisagés dans la littérature. Certains relèvent de la conception même du circuit, d'autres du monitoring de variables environnementales, enfin certaines contre mesures relèvent de la tolérance aux fautes de manière générale (les fautes pouvant être naturelles par opposition aux fautes induites par attaques).

Les circuits asynchrones par exemple sont naturellement insensibles aux fautes de délai entrainés par une perturbation sur l'alimentation ou sur la température (pas d'horloge). Mais ce type de conception est généralement couteux en surface (environ deux fois plus de surface pour un circuit asynchrone que pour son équivalent synchrone). D'autre part, il faut aussi protéger ces circuits des attaques par laser par exemple entrainant les SETs.

Il est possible aussi de répartir des capteurs pour observer les variables environnementales (par exemple température, lumière) de façon à détecter des conditions de fonctionnement délictueuses. Cette approche nécessite une conception mixte plus complexe et un surcoût en termes de surface et de consommation qui ne satisfont pas les contraintes de conception de certains circuits.

Enfin les techniques de tolérance aux fautes pour circuits synchrones peuvent être mises en place pour détecter les fautes mêmes celles transitoires induites par un tir laser. Ce sont ces techniques que nous avons plus particulièrement étudiées.

Une première approche est basée sur la duplication du processus de chiffrement ou de déchiffrement à protéger et s'appuie sur une redondance temporelle ou matérielle du processus. Elle consiste à comparer les résultats obtenus par les processus redondants. Pour une redondance temporelle, la protection est efficace à condition de faire l'hypothèse que les fautes transitoires ne peuvent pas affecter à la fois le processus initial et le processus redondant. Pour une redondance matérielle, la protection est efficace à condition de faire l'hypothèse que les fautes transitoires ne peuvent pas affecter de la même façon le matériel initial et ses versions dupliquées. A contrario, si l'on suppose qu'il est possible d'affecter de la même façon les versions redondantes du même processus, la protection ne tient plus. Cette approche reste assez facile de mise en œuvre, même si dans le cas d'une duplication matérielle il sera plus judicieux d'implanter différemment les processus redondants. En effet si les copies sont identiques, on peut supposer qu'il sera plus facile à un attaquant de les affecter de la même façon et ainsi contourner la protection. Plusieurs versions des redondances matérielles et temporelles sont détaillées ci-après. Une autre approche est basée sur l'introduction de codes détecteurs d'erreur (redondance d'information). Elle engendre un surcoût moindre comparé à la duplication, mais le taux de détection d'erreurs est moins élevé qu'avec une redondance matérielle ou temporelle. Ainsi, un compromis entre le taux de couverture de fautes et le surcoût (surface et/ou performance) est à établir.

2.4.1 Redondance matérielle

La redondance matérielle consiste à réaliser une même opération à l'aide de plusieurs blocs de calcul matériels et à comparer les différents résultats obtenus. Il existe plusieurs formes de redondance matérielle qui sont détaillées ci-après :

La duplication avec comparaison est la forme la plus simple de redondance matérielle. La Figure 20 illustre ce principe : deux blocs, Bloc 1 et Bloc 2, réalisent le même calcul à partir des mêmes données (Entrées), le Comparateur compare les résultats obtenus et lève un signal d'erreur en cas de différence. Ce signal Erreur est ensuite traité pour déclencher une alarme ou éventuellement reprendre le calcul.

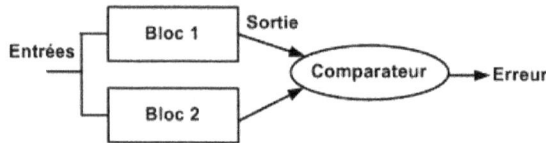

Figure 20 :Duplication avec comparaison

La duplication multiple avec comparaison et vote à la majorité consiste à dupliquer un processus sur plusieurs instances (au moins trois, Bloc 1, Bloc 2, Bloc 3,…, Bloc n), à comparer les résultats obtenus puis à délivrer le résultat obtenu par une majorité des blocs (Figure 21). L'exemple le plus répandu est l'implantation TMR (Triple Modular Redundancy). Lorsqu'un des blocs est affecté d'une faute, les deux autres permettent donc de corriger l'erreur produite par le bloc fautif. Par contre il ne peut y avoir de correction si c'est le système réalisant le vote à la majorité qui est affecté. Ce système doit donc être protégé en utilisant une technologie plus robuste (ex. logique de design asynchrone Quasi-Delay Insensitive [59]).

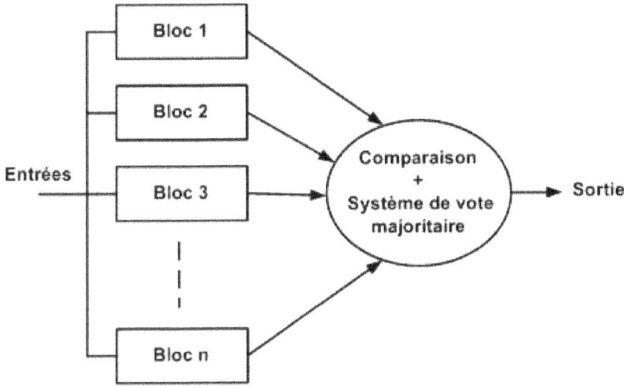

Figure 21 : Duplication multiple ave comparaison

Comme mentionné précédemment, la duplication est une protection efficace si on suppose que les blocs redondants ne peuvent pas être affectés de la même façon. En effet si les résultats fautifs obtenus sont identiques le comparateur ne décèle aucune erreur. Il est bien sûr plus difficile pour un attaquant d'affecter deux blocs redondants et d'obtenir la même valeur erronée en sortie de ces blocs s'ils ne sont pas rigoureusement identiques. La duplication simple avec redondance complémentaire est donc une optimisation de la duplication simple (Figure 22). Le Bloc 2 n'est pas la copie exacte du Bloc 1, il calcule la fonction duale du premier, et pour ce, ses entrées et ses sorties sont inversées.

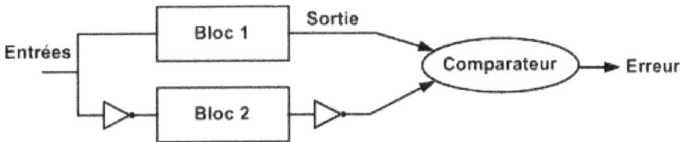

Figure 22 : Duplication avec redondance complémentaire

La redondance dynamique est une optimisation de la redondance multiple. Dans ce cas lorsqu'il y a une erreur, le bloc fauté est déconnecté et ne sera pas utilisé jusqu'à la réinitialisation du système. C'est le multiplexeur connecté aux sorties des blocs dupliqués qui permet de réaliser cette tâche (Figure 23).

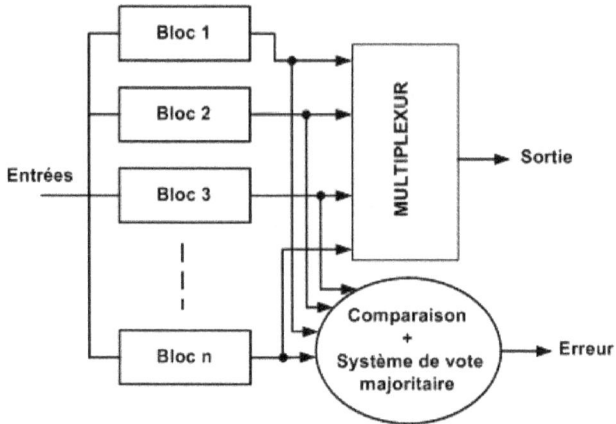

Figure 23 : Duplication dynamique

La duplication hybride est un rassemblement des duplications précédentes. Son principe est basé sur la duplication dynamique où les blocs redondants sont partiellement des blocs complémentaires (Figure 24).

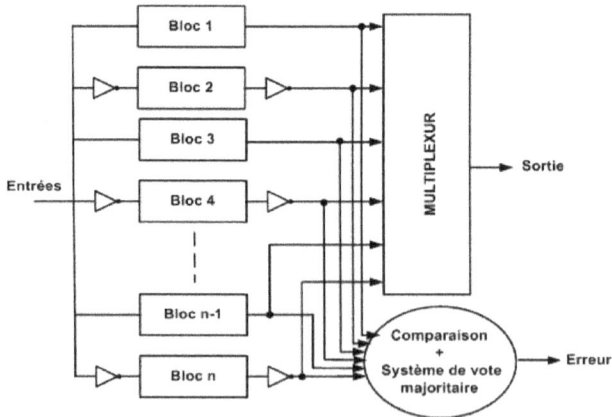

Figure 24 : Duplication hybride

Quelle que soit sa forme, la redondance matérielle nécessite donc un surcoût important (surface, consommation), au moins deux fois le coût du bloc réalisant le processus initial et l'ajout d'un système de comparaison. D'autre part, comme expliqué ci-dessus, elle suppose que l'attaquant ne puisse pas injecter des fautes affectant de la même façon les processus redondants, ce qui engendre encore des coûts supplémentaires pour implanter des processus identiques sous différentes formes (ex. fonctions duales) [60]. Enfin, la redondance matérielle peut bien sûr être une solution efficace et moins coûteuse si elle est inhérente au système à protéger. Comme proposé dans [61], la validité du message chiffré est certifiée par une opération de déchiffrement : il n'y a pas d'erreur si après déchiffrement du chiffré on obtient à nouveau le message en clair initial. Cette solution peut être classée dans les techniques de redondance temporelle (voir 2.4.2) puisqu'en effet, les opérations de chiffrement et de déchiffrement sont exécutées successivement. Toutefois cette solution n'est envisageable que pour les systèmes originellement conçus pour réaliser une opération et son inverse.

2.4.2 Redondance temporelle

La redondance temporelle consiste à effectuer le même calcul en utilisant le même bloc matériel mais à des instants différents. Ce type d'architecture est efficace dans le cas de fautes non permanentes n'affectant qu'un calcul. Comme pour la redondance matérielle, différentes structures sont possibles :

La structure de base est la redondance simple : elle consiste à effectuer le calcul deux fois dans le temps à des instants différents et à comparer les résultats. S'il y a une différence entre les deux résultats alors un signal d'erreur est levé. Le schéma de principe est illustré en Figure 25.

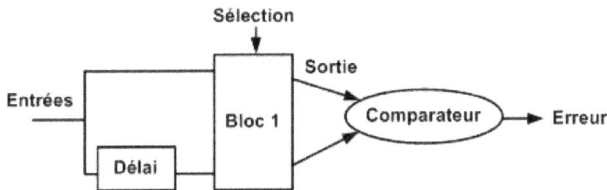

Figure 25 : Redondance temporelle simple

Les travaux présentés en [62] sont une illustration de la redondance temporelle simple. Le principe consiste à calculer deux fois le texte chiffré en utilisant les deux fronts d'horloge. Pour ce, les registres sont dupliqués dans le but de créer deux chemins de données parallèles, contrôlés l'un par le front montant de l'horloge, et l'autre par le front descendant. Le surcoût en surface pour cette architecture est de 36% et en consommation est de 55%.

En plus du délai qui caractérise la redondance simple, il est possible par exemple d'inverser l'ordre des octets des opérandes, l'ordre étant rétabli avant la comparaison des résultats (Figure 26): cela empêche l'attaquant de dupliquer son attaque dans le temps et donc d'affecter de la même façon les deux calculs. L'inversion des octets peut être une simple rotation. Dans tous les cas, le bloc protégé doit être tel que $Bloc\ 1\ (Entrées) = Inverion^{-1}(Bloc\ 1\ (Inversion(Entrées)))$ et donc doit posséder les propriétés mathématiques qui conviennent. C'est le cas par exemple de l'opération de substitution SubBytes d'une encryption AES puisque les octets peuvent être « mélangés » avant d'être substitués.

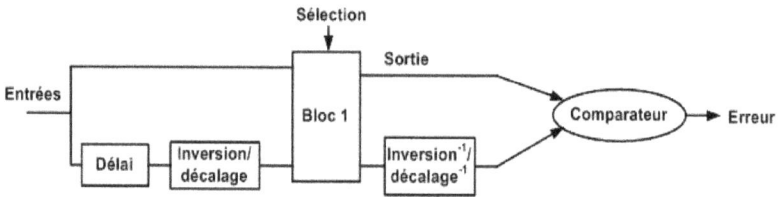

Figure 26 : Redondance temporelle simple avec rotation/inversion des opérandes

La structure de redondance temporelle multiple utilise le même principe que la redondance temporelle simple mais dans ce type d'implantation le calcul est réalisé plus que deux fois dans le temps. Cette structure permet de détecter les erreurs mais aussi de faire des corrections en utilisant un système de vote majoritaire (Figure 27).

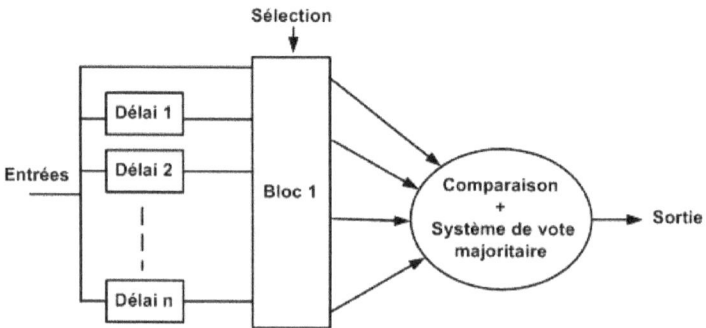

Figure 27 : Redondance temporelle multiple

2.4.3 Redondance d'information

Les codes correcteurs ou détecteurs d'erreurs sont une autre forme de redondance permettant de vérifier qu'un calcul s'est effectué sans erreur. Le principe est illustré sur la Figure 28. Un code est associé au mot obtenu en Sortie du bloc de calcul. Ce code doit être comparé au code attendu pour une Entrée donnée, ce code attendu pouvant être prédit à partir de l'Entrée fournie au Bloc de calcul.

Cette approche n'a d'intérêt d'un point de vue coût d'implantation par rapport à une redondance matérielle que si la prédiction et le calcul du code représentent moins de surface qu'une simple duplication du Bloc de calcul. Toutefois, même à coût égal, il sera bien plus complexe d'attaquer le Bloc ainsi que la prédiction ou le calcul du code pour qu'à un résultat erroné soit associé un code attendu.

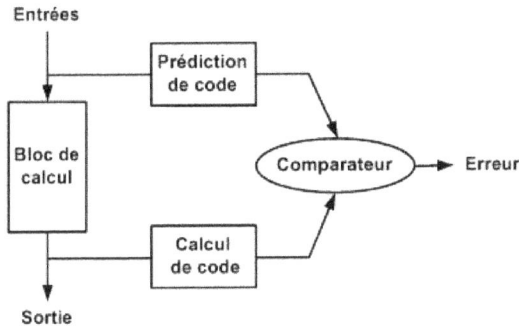

Figure 28 : Principe de redondance d'information

Différents codes détecteurs d'erreurs peuvent être utilisés, à titre d'exemple on peut citer :

Les Check Sum est une donnée de taille fixe qu'on ajoute au message à transmettre, cette donnée est calculée à partir des bits du message. Ensuite pour vérifier que le message n'a pas été corrompu, on réalise la même opération sur les bits de message et on compare le résultat obtenu avec la valeur associée au message. La faute est présente si les résultats sont différents. Un exemple de ces codes est le code de parité qui consiste à calculer un seul bit supplémentaire, ce bit représentant la parité de la sortie (ex. vaut 1 quand le nombre de bits à 1 du mot de Sortie est impair, et vaut 0 lorsque le nombre de bits à 1 est pair). Le calcul de ce bit de parité pour la Sortie ne demande que l'implantation d'un arbre d'Ou-Exclusif dont les entrées sont les bits de « Sortie » pour la Figure 28. La prédiction du code à partir des entrées est toutefois

53

plus complexe si le bloc de calcul ne préserve pas la parité entre « Entrées » et « Sortie ». Ce code ne permet de détecter que les erreurs affectant un nombre impair de bits sur la Sortie.

Les codes de Hamming eux permettent de corriger une erreur sur 1 bit dans une donnée. Le code de Hamming (7,4) par exemple transfère un message de 7 bits constitué de 4 bits de données et de 3 bits de contrôle basés sur des tests de parité. Si l'un des 7 bits est modifié au cours de la transmission, la position du bit erroné peut être calculée, et l'erreur est corrigée. Le code de Hamming étendu ajoute un bit de parité supplémentaire à la fin des blocs de Hamming qui lui permet de détecter deux erreurs sur 1 bit au lieu d'une seule (il corrige toujours une seule erreur sur 1 bit). Le nombre de bits de contrôle ajoutés aux bits de données dans les codes de Hamming dépend directement de niveau de fiabilité que l'on souhaite obtenir.

Les codes linéaires et plus particulièrement ceux basés sur la parité sont très largement utilisés pour contrecarrer les attaques en fautes ([63], [64], [65] et [66]), principalement pour leur simplicité de mise en œuvre et le bon compromis qu'ils présentent entre surcoût matériel et capacité de détection d'erreur. Ces solutions sont plus amplement détaillées dans le chapitre 3. D'autre part, les codes non linéaires sont plus adaptés aux opérations non linéaires (telle l'opération SubBytes de l'AES), et assurent un meilleur taux de détection d'erreur malgré leur inconvénient majeur de surcoût (presque équivalent à une duplication du circuit). Deux propositions de contre mesures basées sur des codes non linéaires appliquées sur l'AES sont présentées dans les arcticles [67] et [68]. Les codes utilisés ont la particularité d'être des codes robustes, c.à.d. que la probabilité de détection est quasi constante quelle que soit la multiplicité de l'erreur.

Dans la première solution [67], les auteurs proposent de protéger la partie linéaire de l'AES par un code linéaire et la partie non-linéaire par un code non linéaire. Afin de détecter une faute dans la partie non linéaire de l'AES (étant l'opération inverse de la transformation SubBytes), un bloc non-linéaire qui fait la multiplication dans $GF(2^8)$ entre l'entrée et la sortie de l'opération fonctionnelle inversion est associé à cette opération. En cas d'absence d'erreur, le résultat de cette multiplication sera égal à (11111111). Pour réduire la surface occupée, seulement quelques bits de ce résultats sont vérifiées (typiquement 2 bits). Pour la partie linéaire, un octet de parité est associé à chaque colonne de la matrice de données, donc 32 bits de code en total pour l'ensemble des bits de données. Cette solution nécessite une implémentation indépendante des opérations « inverse » et « affine transformation » constituants la

54

transformation SubBytes (le plus souvent ils sont combinés dans un seul bloc mémoire). Le surcoût de cette solution en surface est de 35%.

Dans la seconde proposition [68], on rajoute au schéma linéaire précédent du [67] deux réseaux cubiques (compresseurs) calculant $y(x) = x^3$ dans $GF(2^8)$. Un compresseur dans la partie prédiction du code et un deuxième dans la partie calcul du code (Figure 29). Ces compresseurs permettent de produire des signatures sur r bits (r = 28). L'introduction de ces compresseurs permet de réduire le nombre des erreurs non détectés depuis 2^{-r} à 2^{-2r}.Le surcoût global en surface pour cette seconde solution est d'environ 77%.

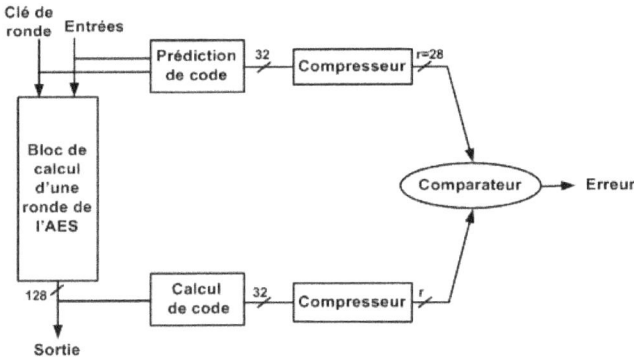

Figure 29 : Redondance d'information par codes non linéaires de [68]

2.5   Conclusion

Les fautes affectant les circuits sécurisés peuvent être permanentes ou transitoires. Ces fautes peuvent être intentionnellement injectées dans le circuit afin de contourner des éléments de vérification ou de récupérer des clefs secrètes de chiffrement. Certaines fautes affecteront le contrôle (ex. faute limitant l'exécution du chiffrement AES à une seule ronde), elles sont en théorie très efficaces (on remonte très facilement à la clef si on peut observer le résultat de la première ronde) mais difficiles à mettre en œuvre puisqu'elles demandent à l'attaquant une parfaite connaissance de l'implantation du circuit. D'autres ne demandent que d'obtenir un résultat fauté de chiffrement mais l'erreur doit être suffisamment localisée pour qu'elle soit exploitable, et nécessite un moyen extrêmement précis d'injection de la faute pour ne produire que l'effet escompté. La détection d'erreur en ligne prend toute son importance dans ce contexte. D'une part, les dysfonctionnements permanents sont rapidement signalés sans recourir à un arrêt du système pour test de maintenance : permettant ainsi d'augmenter la fiabilité du circuit. D'autre part, les dysfonctionnements transitoires affectant momentanément le circuit seraient eux aussi détectés : ce qui devient d'autant plus important avec les technologies actuelles et à venir qui sont de plus en plus sensibles aux phénomènes naturels (ex. rayonnements cosmiques) provoquant la commutation accidentelle des nœuds internes.

Nous présenterons dans le chapitre suivant une étude analytique et comparative des différentes solutions de détection d'erreurs en ligne basées sur la redondance d'information proposées dans la littérature. La comparaison est menée en termes de surcoût en surface, performances et taux de détection d'erreur. Nous proposerons également des solutions toujours basées sur la redondance d'information permettant d'augmenter la robustesse des circuits sécurisés vis-à-vis des attaques en fautes.

Chapitre 3

Détection concurrente
d'erreurs

Nous avons présenté dans le chapitre précédent le principe des attaques en faute (les différents moyens utilisés pour perturber un circuit sécurisé de façon à lui faire produire une réponse erronée, et les méthodes permettant de retrouver la clef secrète à partir de réponses erronées et de réponses correctes), ainsi que les différentes familles de contremesures pour parer à ce type d'attaque. Dans ce chapitre nous nous concentrons sur les contre-mesures basées sur la redondance d'information, approche que nous avons décidé d'approfondir car elle présente un bon compromis entre facilités de mise en œuvre, performance et coût. Dans le chapitre précédent, nous avons présenté les différents choix possibles de ces codes détecteurs (éventuellement correcteurs), classés selon qu'ils sont linéaires ou non linéaires et donc plus ou moins adaptés aux opérations effectuées sur les données. Nous prendrons comme exemple applicatif le standard d'encryption AES et montrerons comment la redondance d'information (spécifiquement les codes linéaires que nous avons choisi d'utiliser), permet de révéler les erreurs éventuelles de calcul à chacune des étapes de ce chiffrement. Nous nous attacherons plus particulièrement à la protection de la fonction SubBytes, seule opération non linéaire de l'AES, qui occupe la majeure partie du matériel d'encryption, et dont la protection va dépendre des choix d'implantation de la fonction SubBytes elle-même (ex. mémoire ou logique).

Nous présentons donc les différents types d'implantations possibles de l'opération SubBytes, puis nous décrirons les différentes solutions de protection de l'AES proposés dans la littérature. Certaines proposant une protection de l'ensemble des opérations de chiffrement de l'AES, d'autres se concentrant uniquement sur la protection de l'opération SubBytes.

Nous proposons ensuite des solutions originales de protection d'AES en s'appuyant sur des solutions partielles de la littérature. Ces solutions sont comparées en termes de capacité détection d'erreur.

Enfin nous avons mené une campagne d'évaluation corrélant les fautes susceptibles d'affecter une opération et les erreurs résultantes observées en sortie de l'opération, notamment l'opération SubBytes. Cette campagne a permis de mettre en évidence la nécessité d'adapter le choix du code détecteur à implanter en fonction de l'implantation de l'opération à protéger.

3.1 Types d'implémentations de la SBox

L'opération SubBytes [10] de l'AES consiste en une simple substitution de la valeur de l'octet d'entrée par une autre valeur. Cette substitution peut être réalisée :

- à l'aide d'une mémoire morte (ROM) de 256×8 bits [63]. Le résultat de sortie est la valeur contenue dans la case mémoire pointée par l'adresse qui correspond à la valeur d'entrée.

- à l'aide d'une Look-Up Table (LUT), solution adoptée pour une implantation AES sur circuit programmable FPGA ([69], [70], [71] et [72]).

- à l'aide de portes logiques pour les implantations de type ASIC où la fonction SubBytes est décrite :

  o soit comme une simple table de substitution à l'aide d'une table de vérité par exemple [73]. Différents compromis surface/délai/consommation peuvent être obtenus en à l'aide de l'outil de synthèse.

  o soit, en reprenant la définition mathématique de l'opération SubBytes, et donc l'opération d'inversion dans $GF(2^8)$ et de transformation affine. Deux exemples d'implantation type « calcul mathématique » sont donnés ci-dessous :

Dans [74] les auteurs présentent une structure où un élément $a \in GF(2^8)$ est représenté par un polynôme avec des coefficients dans $GF(2^4)$:

$$a \cong a_h x + a_l, \quad a \in GF(2^8), \quad a_h, a_l \in GF(2^4) \qquad eq.1$$

Le polynôme peut être décrit par la paire de coefficients $[a_h, a_l]$. Chacun de ces coefficients est représenté sur 4 bits. Toutes les opérations mathématiques appliquées à des éléments de $GF(2^8)$ peuvent également être calculés dans cette représentation (qu'on appellera polynôme à deux-termes). L'addition de deux polynômes à deux-termes est réalisée par l'addition de leurs coefficients correspondants (*eq.2*).

$$(a_h x + a_l) \oplus (b_h x + b_l) = (a_h \oplus b_h)x + (a_l \oplus b_l) \qquad eq.2$$

L'opération d'inversion ainsi que l'opération de multiplication ($\otimes$) de deux polynômes à deux-termes nécessitent une étape de réduction modulaire pour assurer que le résultat de calcul soit aussi un polynôme à deux-termes. Pour réaliser cette réduction modulaire, on utilise le polynôme irréductible suivant : $n(x) = x^2 + \{1\}x + \{e\}$. Les coefficients de *n(x)* ($\{1\}$ et $\{e\}$) sont des éléments de $GF(2^4)$, notés en hexadécimal, et sont choisis de façon à optimiser les expressions arithmétiques dans ce corps fini [74].

La multiplication des polynômes à deux-termes implique la multiplication des éléments de $GF(2^4)$, ce qui nécessite un polynôme irréductible du 4éme degré: $m_4(x) = x^4 + x + 1$.

L'inversion d'un élément $a \in GF(2^8)$, nécessaire à la réalisation de l'opération SubBytes, est alors décrite par l'équation *eq.3* qui opère dans $GF(2^4)$.

$$(a_h x + a_l)^{-1} = a'_h + a'_l = (a_h \otimes d)x + (a_h \oplus a_l) \otimes d \qquad eq.3$$

Où: $d = ((a_h^2 \otimes \{e\}) \oplus (a_h \otimes a_l) \oplus a_l^2)^{-1}$, $\oplus$ représente l'addition dans $GF(2^4)$, réalisée par l'opération Ou-exclusif, et $\otimes$ représente l'opération de multiplication dans $GF(2^4)$.

La Figure 30 donne une vue architecturale de l'opération d'inversion telle que réalisée par l'équation *eq.3*.

Pour réaliser l'inversion telle que décrite dans [74], la donnée a doit d'abord être convertie pour une représentation polynômiale avec coefficient dans $GF(2^4)$, puis, en fin de calcul, convertie à nouveau pour retrouver la représentation initiale dans $GF(2^8)$. Les blocks map et map^{-1} (Figure 30) assurent cette fonctionnalité en se basant sur les équations *eq.4* et *eq.5*.

$$a_h x + a_l = map(a), \quad a_h, a_l \in GF(2^4), \quad a \in GF(2^8) \qquad eq.4$$

$$\boldsymbol{a_{l0}} = a_C \oplus a_0 \oplus a_5, \quad \boldsymbol{a_{l1}} = a_1 \oplus a_2, \quad \boldsymbol{a_{l2}} = a_A, \quad \boldsymbol{a_{l3}} = a_2 \oplus a_4$$

$$\boldsymbol{a_{h0}} = a_C \oplus a_5, \quad \boldsymbol{a_{h1}} = a_A \oplus a_C, \quad \boldsymbol{a_{h2}} = a_B \oplus a_2 \oplus a_3, \quad \boldsymbol{a_{h3}} = a_B$$

Avec : $\qquad a_A = a_1 \oplus a_7, \quad a_B = a_5 \oplus a_7 \ et \ a_C = a_4 \oplus a_6$

Et : $\quad a = map^{-1}(a_h x + a_l), \quad a \in GF(2^8), \quad a_h, a_l \in GF(2^4)$ $\qquad eq.5$

$$\boldsymbol{a_0} = a_{l0} \oplus a_{h0}, \quad \boldsymbol{a_1} = a_B \oplus a_{h3}, \quad \boldsymbol{a_2} = a_A \oplus a_B, \quad \boldsymbol{a_3} = a_B \oplus a_{l1} \oplus a_{h2}$$

$$\boldsymbol{a_4} = a_A \oplus a_B \oplus a_{l3}, \quad \boldsymbol{a_5} = a_B \oplus a_{l2}, \quad \boldsymbol{a_6} = a_A \oplus a_{l2} \oplus a_{l3} \oplus a_{h0}$$

$$\boldsymbol{a_7} = a_B \oplus a_{l2} \oplus a_{h3}$$

Avec : $\qquad a_A = a_{l1} \oplus a_{h3} \ et \quad a_B = a_{h0} \oplus a_{h1}$

Où $\{a_0, , \dots, a_7\}$ représentent les bits de la donnée a.

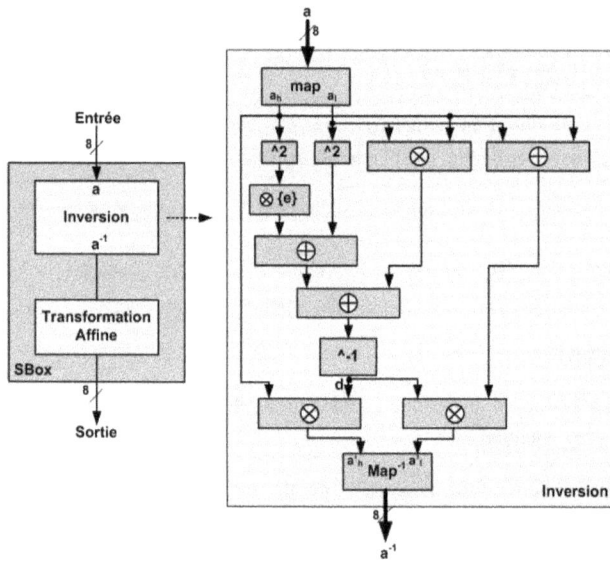

Figure 30: Implantation de la SBox en calcul mathématique

Les auteurs de [75] ont proposé aussi une architecture de SBox type calcul mathématique. Le calcul se fait dans ce cas dans $GF(2^2)$ au lieu de $GF(2^4)$. Les coefficients sont donc sur 2 bits. Cette alternative fournit de meilleures solutions d'implantation en termes de surface et de consommation d'énergie, au prix d'une solution plus lente car elle nécessite d'abord la conversion des données de GF(2^8) vers GF(2^4) puis vers GF(2^2) avant de réaliser les opérations, et ensuite la conversion inverse pour retrouver les données dans la représentation initiale dans *GF(2^8)*.

D'autres implantations type « calcul mathématique » sont présentées dans ([76] et [77]).

Après avoir présenté les différentes implantations possibles de la fonction SBox, qui est la seule opération non linéaire de l'AES nous allons présenter dans la section suivante les contre-mesures basés codes de la littérature, proposés pour pallier les attaques en faute sur un circuit implantant l'AES comme standard de chiffrement.

3.2   Protection de l'AES par redondance d'information

Plusieurs schémas de détection d'erreurs basés sur les codes détecteurs ont été proposés dans la littérature depuis la fin des années 90. Pour mon étude comparative et analytique des solutions de l'état de l'art, j'ai considéré les architectures basées sur les codes linéaires proposés dans [70], [64], [65] et [66].

3.2.1   Protection avec 1 bit de parité par mot de 128 bits [64]

Dans [64], les auteurs proposent d'utiliser la parité comme code détecteur d'erreur durant le déroulement de l'AES. Le principe de ce schéma est de comparer la parité calculée à partir des entrées courantes de la ronde avec la parité prédite sur la sortie de la ronde précédente. L'entrée courante devant être égale à la sortie de la ronde précédente, la parité calculée et celle prédite devraient être identiques s'il n'y a pas eu d'erreur lors du calcul de la ronde précédente. Cette comparaison est réalisée à chaque ronde.

Pour cela, la parité de l'entrée de ronde courante est d'abord déterminée en réalisant le ou-exclusif des bits d'entrée (*P(x)* dans la Figure 31). Lors de la ronde précédente, la prédiction de la parité de sortie est réalisée de la façon suivante :

Chaque SBox est implantée sous forme de mémoire, 1 bit par mot mémoire est consacré à la mémorisation de la parité $P(x_i) \oplus P(y_i)$. Où x_i est l'entrée de la SBox et y_i est la valeur attendue en sortie.

Les parités $P(x_i) \oplus P(y_i)$, $i \in \{0,\dots,15\}$ pour les 16 SBoxes, sont ensuite 'ajoutées' (à travers ou-exclusif) pour prédire la parité sur l'ensemble du mot de 128 bits après substitution : $P(x) \oplus P(y)$ (Figure 31). Cette prédiction est 'ajoutée' à la parité calculée en entrée $P(x)$ pour obtenir la prédiction $P(y)$ de la sortie des SBoxes $(P(x) \oplus P(y) \oplus P(x) = P(y))$. Cette parité prédite n'est pas affectée par les opérations linéaires Shiftrow et MixColumns. Enfin, pour prédire la parité en sortie de ronde il faut 'ajouter' la parité de la clef de ronde $P(k)$ à la prédiction $P(y)$. Ce résultat est mémorisé dans une bascule avant d'être comparé en début de ronde suivante avec la parité calculée sur les valeurs réelles d'entrée de ronde : $P(x)$.

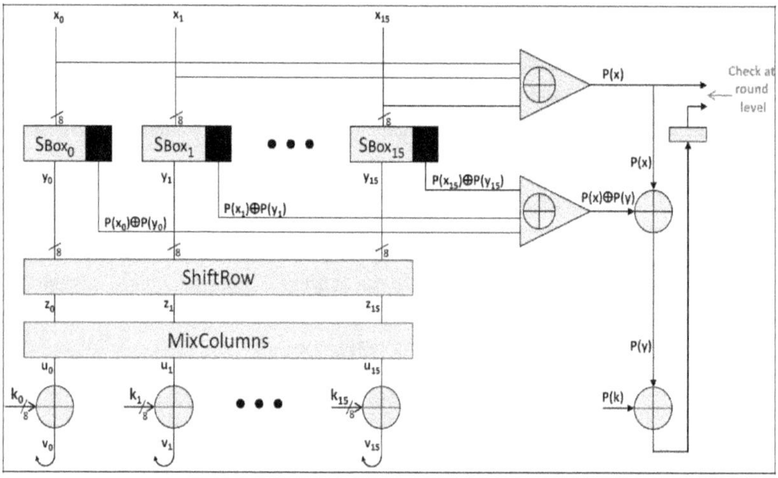

Figure 31 : Une ronde AES avec 1 bit de parité [64]

Les auteurs ont implémenté cette solution sur un composant reprogrammable Xilinx Virtex 1000 FPGA. Ils reportent un surcoût matériel de 8% environ avec un impact sur les délais de calcul d'environ 7%. La capacité de détection d'erreur de cette solution sera présentée dans la section 3.4 avec les autres solutions envisagées.

3.2.2 Schéma avec 16 bits de parité par mot de 128 bits [63]

Dans [63] les auteurs proposent d'utiliser 16 bits de parités au lieu d'un seul pour le mot de 128 bits. En particulier, un bit de parité est associé à chaque octet de la matrice l'état (Figure 32).

Concernant les SBoxes, les auteurs proposent une implémentation basée mémoire. Le bit de parité d'une sortie de SBox $P(y_i)$ est stocké dans cette mémoire conduisant à 256×9 bits de mémoire nécessaires au lieu des 256×8 bits initiaux pour la seule réalisation d'une fonction de substitution SBox. Afin de détecter aussi des erreurs sur les données d'entrée de la SBox et les éventuelles erreurs internes de mémoire (données ou décodeur), les auteurs proposent l'utilisation d'une mémoire à capacité plus importante de 512×9 bits, où pour chacune des valeurs d'entrées, lorsqu'elle est associée à un bit de parité incorrect, la sortie de la SBox (le contenu du mot mémoire de 9 bits) génère une valeur d'octet 'factice' pour laquelle le bit de parité associé (le 9ieme bit) est incorrect. A l'inverse, les octets d'entrée de SBox associées à un bit de parité correct permettent de pointer sur des mots mémoires (les sorties) dont le bit de parité est lui aussi correct (Figure 32). Ce bit de parité mémorisé pour chacun des octets de sortie est non modifié par l'opération ShiftRows travaillant par octet. Pour l'opération MixColumns la parité de chaque octet de sortie est calculée à partir de la parité mémorisée depuis l'opération SubBytes de l'octet concerné, et de la valeur de certains bits de données d'entrées correspondants aux quatre octets utilisés pour le calcul de chacun des octets de sortie de MixColumns. Le faite d'utiliser ici des bits de données pour la prédiction du code peut fausser sa détermination, et l'erreur peut ne pas être découverte, si ces bits de données utilisés sont fautifs (c.à.d. affectés par une faute). Enfin pour l'opération AddRoundKey, le bit de parité mémorisé est modifié en lui ajoutant (ou-exclusif) le bit de parité de la clef de ronde correspondante.

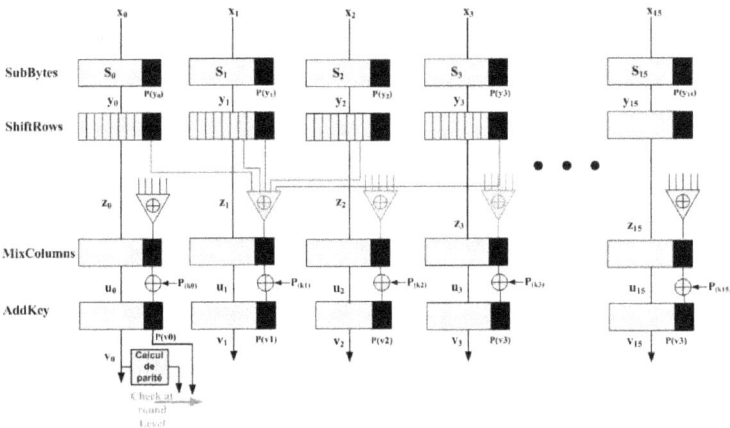

Figure 32 : Une ronde AES avec 16 bits de parité [63]

Pour pouvoir utiliser ce schéma qui associe un bit de parité par octet de données dans l'étude comparative de la section 3.4, nous avons implémenté un schéma équivalent en fonctions logiques au lieu d'une mémoire comme fait par les auteurs. Ainsi, pour la prédiction du bit de parité au niveau de l'opération SubBytes (le 9iéme ajouté à chaque octet de donnée dans la mémoire) (Figure 33), nous calculons à partir de l'entrée courante la parité de sa sortie attendue et on la mémorise dans une bascule pour ou être comparée avec la parité calculée ou être modifiée par le reste des opérations qui suivent. Pour l'opération linéaire ShiftRows, et comme le schéma présenté dans la section précédente [64], la parité prédite pour l'opération SubBytes reste inchangeable par ShiftRows. Par contre, si le schéma de prédiction de [64] permettait de ne pas avoir à recalculer la parité après l'opération MixColumns puisqu'elle n'est pas modifiée sur l'ensemble des 128 bits, la parité de sortie à prédire est à recalculer dans ce schéma. La parité prédite mémorisée précédemment est donc remplacée par cette nouvelle valeur calculée. Pour l'opération AddRoundKey, la prédiction du bit de parité de sortie consiste à additionner (ou-exclusif) le bit de parité mémorisé avec le bit de parité de la clef de ronde correspondante.

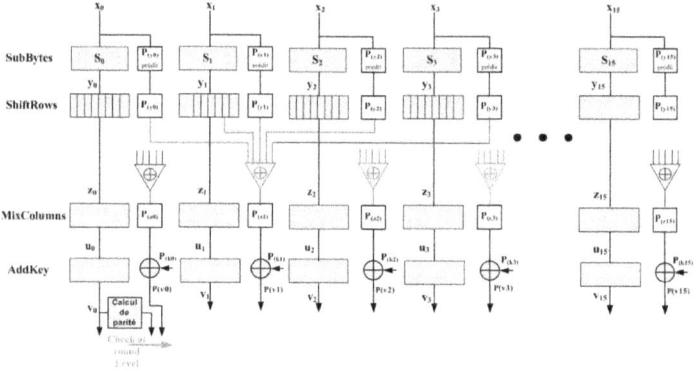

Figure 33 : schéma de [64] en implantation logique équivalente

Le calcul de la prédiction du code s'effectue en parallèle de l'exécution du chiffrement de l'AES, de telle façon que le code calculé et prédit peuvent être comparés après la fin de chaque opération, chaque ronde, ou encore à la fin de l'algorithme. Plus on augmente les points de comparaison, plus on réduit la latence de détection d'erreurs.

Les auteurs reportent un surcoût matériel de ce schéma de détection d'erreur pour l'AES entre 10 et 20%. Le surcoût en délai n'est pas indiqué mais doit être assez faible puisque seule la comparaison des parités prédite et calculée est rajoutée au calcul de l'AES. Pour ce qui concerne l'implantation équivalente en fonctions logiques, le surcout matériel est de 21% et en délai est de 15% (résultats présentés plus tard en section 3.4.1). Également, la capacité de détection d'erreur de cette solution sera présentée dans la section 3.4.

3.2.3 Protection par Code de Redondance Cyclique [65]

Dans [65] les auteurs proposent l'utilisation d'un code *CRC (n+1, n)* en $GF(2^8)$ (pour Cyclic Redundancy Check en anglais), où $n \in \{4, 8, 16\}$ est le nombre d'octets considérés pour le calcul du code. Le code CRC (sur 8 bits) peut être associé, soit à chaque colonne de la matrice d'état (c'est-à-dire 4 octets : *CRC (5,4)*), soit à deux colonnes (c'est-à-dire 8 octets : *CRC (9,8)*), ou soit à la matrice d'état toute entière (soit 15 octets : *CRC (17,16)*).

Dans la suite, nous prenons l'exemple du *CRC(5,4)*, où un octet de code est associé à chaque 4 octets de données. Le principe reste le même pour les deux autres possibilités restantes.

Pour l'opération SubBytes, à partir de la donnée d'entrée courante, on prédit le CRC correspondant à chaque 4 octets de sorties attendues (Figure 34). Le CRC est le ou-exclusif des 4 octets de sorties correspondants. On obtient 4 octets CRC pour l'ensemble du mot à 128 bits.

L'opération ShiftRow n'altérant pas la valeur des données, ne modifie pas la valeur des octets CRC.

Pour l'opération MixColumns, et grâce aux coefficients de la matrice utilisée pour réaliser cette opération (chapitre 1), la somme des octets d'une colonne de sortie de MixColumns (CRC de la colonne) est égale à la somme des octets à son entrée. L'opération MixColumns ne modifie donc pas aussi les CRC déjà calculés.

Concernant l'AddRoundKey, la prédiction consiste à 'ajouter' (en ou-exclusif) les octets CRC correspondants de la clef courante aux octets CRC de données prédits (voir CRC key dans Figure 34).

Pour détecter les erreurs, on effectue la somme (en ou-exclusif) des octets de données de sortie au moment choisi de vérification, (fin de ronde ou fin de l'AES) avec les octets CRC prédits (Figure 34). S'il n'y a pas eu d'erreur pendant l'exécution de l'AES, le résultat de cette somme serait nul. Sinon, le résultat serait différent de zéro.

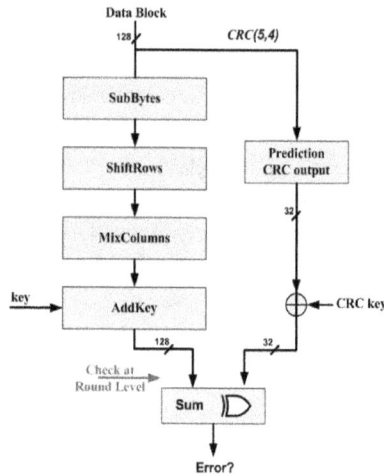

Figure 34 : Une ronde AES avec le modèle CRC(5,4) de [65][65]

3.2.4 Protection par double parité de la sous fonction SubBytes [66]

Les fonctions de substitutions de l'AES (SBoxes) représentant la plus grande partie du circuit, plusieurs auteurs ont focalisé leur solution de détection d'erreur en ligne sur ces composants. Ce paragraphe ainsi que le suivant présente ces solutions.

Dans [66], les auteurs proposent de vérifier à la fois la parité d'entrée et la parité de sortie des SBoxes. Pour cela 2 bits de parité (entrée et sortie) sont prédits de façon indépendante par des blocs de logique dédiés (Figure 35). La parité de la sortie prédite à partir de l'entrée fournie à la SBox est comparée avec la parité réellement obtenue en sortie, de façon symétrique, la parité de l'entrée prédite à partir de la donnée obtenue en sortie de la SBox est comparée avec la parité calculée à partir de l'entrée fournie à la SBox.

Par comparaison avec la solution proposée en [64], qui vérifie aussi les parités en entrée et en sortie des SBoxes par mémorisation des parités attendues dans la mémoire implantant ces fonctions (c.f. 3.2.1), la solution proposée en [66] permet de détecter des erreurs se manifestant par un nombre pair de bits erronés en sortie (erreur paire ne pouvant être détectée par simple vérification de la parité en sortie).

Le surcoût d'implantation de cette double vérification de parité est de 38.33 % par rapport à la SBox originale mais permet la détection supplémentaire de 27 % des erreurs de multiplicité paire en sortie comparée à la solution [64] (toutes les erreurs de multiplicité impaire étant détectées dans les 2 cas).

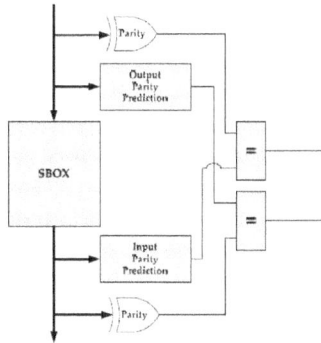

Figure 35 : La transformation SubBytes avec le modèle de [66][66]

3.2.5 SBox avec 5 bits de parité [78]

En utilisant l'arithmétique des champs composites, la SBox dans [78] est divisée en 5 blocs en cascade (Figure 36), chacun d'eux étant conçu de sorte qu'une faute simple conduise obligatoirement à un nombre impair d'erreurs sur la sortie du bloc. La fonctionnalité de chacun de ces 5 blocs est :

- Bloc 1 : Chargé de la transformation d'une donnée depuis une représentation dans $GF(2^8)$ (i.e. un octet), en deux donnés de 4 bits chacune dans $GF((2^2)^2)$.

- Bloc 2 : Lambda-Squarer, réalise la multiplication par une constante lambda et la mise au carrée pour chaque donnée dans $GF((2^2)^2)$.

- Bloc 3 : Chargé de l'inversion dans $GF((2^2)^2)$.

- Bloc 4 : Réalise la multiplication de deux données dans $GF((2^2)^2)$.

- Bloc 5 : Effectue la transformation inverse depuis 2 données de 4 bits vers une donnée de 8 bits dans $GF(2^8)$, ainsi que l'opération de transformation affine.

Un bloc de prédiction du bit de parité est associé à chaque bloc, soit cinq bits de parité utilisés pour chaque SBox (Figure 36). Afin de garantir un taux de couverture optimal sur chacun des blocs, la synthèse de chacun des blocs a été réalisée de telle sorte que chaque sortie résulte d'une conne de logique indépendante. Cette propriété permet de s'assurer qu'une faute affectant une porte quelconque ne puisse affecter qu'une sortie unique du bloc (donc un nombre impair de sorties, Figure 37). L'utilisation d'un code de parité sur ces blocs détecte donc toutes les fautes simples. La parité prédite pour chaque bloc est comparée à la parité réelle afin de lever un drapeau d'indication d'erreur le cas échéant. A noter que l'utilisation de l'arithmétique en champs composites conduit à une architecture à faible surface, mais avec une latence de calcul supérieure par rapport à l'implantation standard (dans $GF(2^8)$). Notons que la surface nécessaire à la propagation de 5 bits de parités pour chaque SBox à travers les autres opérations de la ronde AES demanderait une surface plus importante que la propagation d'un bit de parité unique pour chaque SBox. Cette solution présente donc l'avantage d'avoir un taux de couverture optimal pour les SBoxes avec un simple code de parité mais qu'il est difficile à étendre à l'ensemble de la ronde.

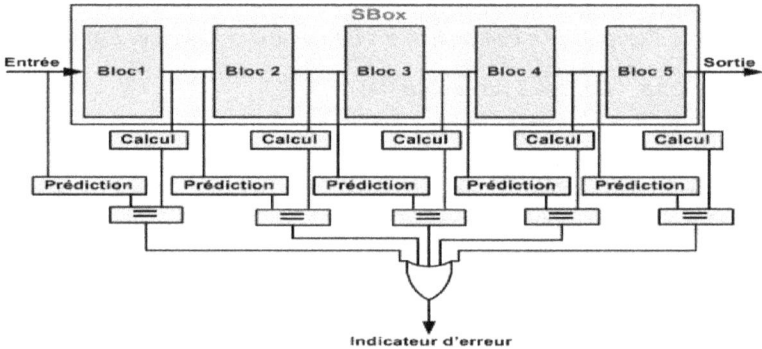

Figure 36 : La transformation SubBytes avec le modèle de [78]

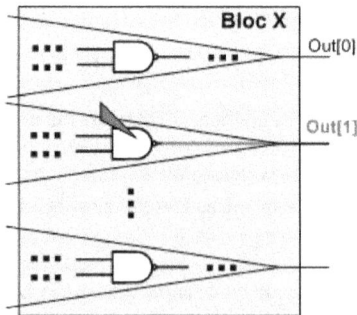

Figure 37 : Synthèse pour une propagation de l'erreur sur une sortie unique

3.3 Optimisation

Cette section décrit deux solutions d'optimisation s'appuyant sur les techniques de détections proposées dans la littérature pour ce qui est de la ronde ([63] et [64]), et la solution développée pour ce qui est des SBoxes [66].

3.3.1 Optimisation de l'architecture [63] :

Cette solution combine le contrôle de parité de la ronde sur 16 bits avec la double parité de contrôle entrée-sortie sur chaque SBox. Afin de combiner ces deux méthodes, pour une implantation SBox sous forme de mémoire, les parités entrée et sortie sont contrôlées pour chaque SBox ; en cas d'erreur entre prédiction et calcul (Bit error=1), la parité de l'octet en sortie de SBox se voit affectée à une valeur erronée (P(yi) XOR Bit error). Ce bit de parité de la SBox est propagé dans le reste des opérations de la ronde (Figure 38).

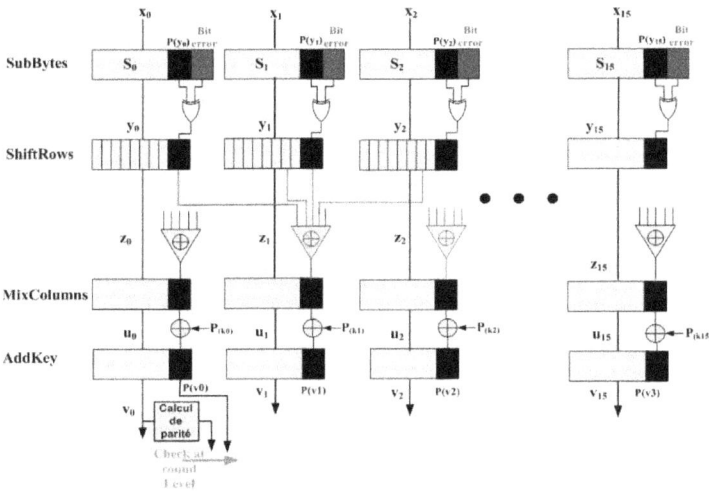

Figure 38 : Optimisation1 ([63] +[66])

3.3.2 Optimisation de l'architecture [64] :

Le deuxième schéma associe la protection du schéma de [66] avec le schéma de [64]. Pour ce, un bit de vérification supplémentaire est ajouté au niveau de chaque SBox. La prédiction de parité de l'entrée et sa comparaison avec la parité de l'entrée réelle génère un signal d'erreur local à la SBox, l'ensemble des signaux d'erreur locaux sont assemblés (opération OU) pour créer un signal d'erreur global à l'ensemble des

SBoxes : Error-flag 1. En fin de ronde, nous devons contrôler ce signal d'erreur ainsi que celui généré par la comparaison de la parité calculée en début de ronde et celle prédite en fin de ronde (Error-flag 2). Le OU de ces deux signaux d'erreur permet de signaler une erreur au niveau de la ronde : Error-flag (Figure 39).

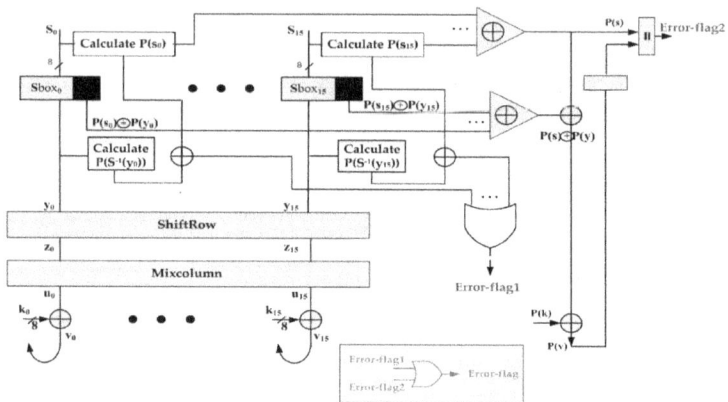

Figure 39 : Optimisation2 ([64] +[66])

3.4 Évaluation des contre-mesures

Nous avons comparé les solutions de la littérature exposées dans la section 3.2, ainsi que les deux schémas que nous avons proposés pour améliorer le taux de détection d'erreur dans la section 3.3. Cette comparaison est faite en termes de nombre de bits de parité supplémentaires, de surface, de consommation d'énergie, de performance et de capacité de détection d'erreur.

Dans cette étude comparative, nous considérons des faute de collage simple et transitoire pouvant affecter une opération quelconque au cours de n'importe quelle ronde lors du chiffrement des données (Figure 40). Lors des simulations, nous considérons donc des erreurs sur un octet unique (erreur résultant par exemple d'une faute dans une SBox et ne se propageant que sur un octet), et des erreurs sur plusieurs octets à la fois (erreur résultant par exemple d'une faute dans MixColumns et affectant plusieurs octets à la fois). Ces simulations ont été réalisées avec des données identiques pour l'ensemble des schémas de détection étudiés.

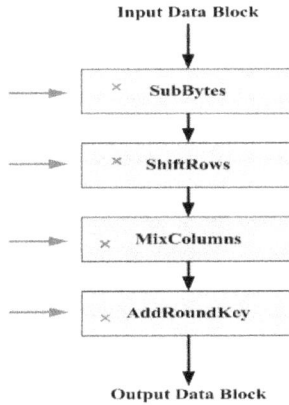

Figure 40 : Modèle d'injection d'erreur

Concernant les drapeaux de détection d'erreur, les bits de parité prédits et réels peuvent être comparés après chaque opération, chaque ronde, ou après l'exécution de la totalité du l'algorithme. Ces solutions diffèrent en termes de surcoût matériel et de latence de détection. Plus le nombre de points de contrôle est élevé et plus la latence de détection d'erreur diminue mais le surcoût matériel augmente (plus grand nombre de comparaisons). Dans la suite, les différents schémas de détection sont comparés en supposant un seul point de comparaison par ronde (solution de coût intermédiaire).

3.4.1 Coûts

Les SBoxes sont implémentés en logique pour les différents schémas comparés.

Concernant le schéma présenté dans [65], nous avons utilisé un CRC (5,4) c'est-à-dire 4 octets CRC, un pour chaque colonne de la matrice d'état (32 bits).

Pour une comparaison équitable, nous avons implémenté ces systèmes de détection d'erreur en utilisant une architecture d'AES parallèle 128-bits dans tous les cas. Les options de la synthèse sont identiques pour tous les modèles.

Le Tableau 1 résume les surcoûts de conception engendrés par ces techniques par rapport à une conception originale d'AES sans aucun mécanisme de détection d'erreur. Cette conception originale correspond à une surface de 814083 μm^2, un chiffrement en 14,4 ns et une consommation de 607,1549 mW.

71

Notons que l'ajout du double contrôle de parité au niveau des SBoxes des schémas originels [63] et [66] double le surcoût en surface, mais rappelons aussi que les SBoxes sont aussi les éléments les plus coûteux et pour lesquels la prédiction de parité demande un calcul important.

Les coûts d'implantation de ces différents schémas de protection seront analysés dans la section suivante en fonction de leur capacité de détection d'erreur.

	Surcoûts	Surface	Consommation	Performance	Nombre de bits de contrôle
surcoûts	**Schéma de [65]** (4 octets CRC)	92,26%	104,92%	147,22%	32
	Schéma de [63] (16 bits de parité)	21,73%	12,79%	15,41%	16
	Optimisation 1 ([63] + [66])	49,09%	71,45%	34,51%	16
	Schéma de [64] (1 bit de parité)	16,34%	23,28%	0%	1
	Optimisation 2 ([64] + [66])	30,13%	70,07%	15,5%	2

Tableau 1 : Comparaison des méthodes de détection en termes de surcôut

3.4.2 Erreurs dans un octet simple

Nous avons d'abord analysé la capacité de détection de ces différentes techniques en ce qui concerne les erreurs affectant un octet simple. Les erreurs affectent de 1 à 8 bits (multiplicité d'erreur de 1 à 8). Les erreurs ont été exhaustivement injectées dans chaque octet, après chaque opération et durant chaque ronde. Le Tableau 2 reporte en nombre et en pourcentage la proportion d'erreurs non détectées pour chacun des schémas comparés (colonnes 3 à 7), pour chaque type d'erreur (multiplicité d'erreur de 1 à 8, 1ere colonne). Le nombre d'erreurs simulées pour chaque multiplicité d'erreur est reporté en colonne 2 (#Erreur) (e.g. $16 \times 40 \times \binom{2}{8} =$ 17920 erreurs de multiplicité 2 (2 bits erronés parmi 8 bits), affectant un octet à la fois dans les 16 octets de la matrice d'État, après une des 40 opérations exécutées pendant le chiffrement).

Mult. d'erreur	#Erreur	Schéma [65]	Schéma [63]	Optimisation1 ([63] + [66])	Schéma [64]	Optimisation2 ([64]+[66])
1	5120	0	0	0	666	0
		(0%)	(0%)	(0%)	(13,01%)	(0%)
2	17920	0	16912	14666	15466	15466
		(0%)	(94,38%)	(81,84%)	(86,31%)	(86,31%)
3	35840	0	0	0	4385	0
		(0%)	(0%)	(0%)	(12,23%)	(0%)
4	44840	0	39760	34095	38533	38533
		(0%)	(88,75%)	(76,10%)	(86,01%)	(86,01%)
5	35840	0	0	0	4576	0
		(0%)	(0%)	(0%)	(12,77%)	(0%)
6	17920	0	14896	12642	15451	15451
		(0%)	(83,13%)	(70,55%)	(86,22%)	(86,22%)
7	5120	0	0	0	615	0
		(0%)	(0%)	(0%)	(12,01%)	(0%)
8	640	0	496	171	556	556
		(0%)	(70,50%)	(26,72%)	(86,88%)	(86,88%)

Tableau 2 : Comparaison des méthodes de détection en termes de taux de détection, cas d'erreurs sur un octet

Comme attendu, les erreurs à multiplicité impaire sont plus facilement détectées que les erreurs de multiplicité paire avec les schémas de détection basés sur les codes de parités. Le schéma proposé dans [64] apparait comme moins performant que les autres sur les erreurs de multiplicité impaire, ce résultat était prédictible puisqu'un seul bit de parité est associé aux 128 bits de données. Par conséquent, lorsque l'erreur se propage au travers de l'opération MixColumns par exemple et affecte plusieurs octets en sortie ce cette opération, la parité de la réponse d'une opération MixColumns peut rester correcte (parité attendue sur 4 octets) alors qu'un nombre pair d'octet est affecté (masquage). D'autre part, certaines erreurs en sortie de SBox ne peuvent être détectées par un simple contrôle de la parité de sortie. Ce phénomène doit être compensé par le schéma de double parité proposé en [66] (optimisation 1).

En renforçant la protection au niveau de la SBox (optimisation 1 et 2), on remarque en effet que l'on améliore la capacité de détection d'erreur des schémas originaux. Toutes les erreurs de multiplicité impaire sur l'ensemble des 128 bits de données sont maintenant détectables avec le schéma [64] optimisé (optimisation 2).

L'optimisation 1 proposée sur le schéma [63] permet la détection d'erreurs supplémentaires de multiplicité paire (10490 erreurs supplémentaires détectées, soit un gain de 12,9% au total).

On remarque aussi que le schéma basé CRC proposé dans [65] surpasse les autres techniques en détectant toutes les erreurs simulées (multiplicité paire ou impaire), mais ceci au prix d'un surcoût en surface très important, presque équivalent à une duplication (voir Tableau 1: 92,26% de surface additionnelle), des pénalités en termes de consommation et de dégradation des performances.

3.4.3 Erreurs dans plusieurs octets

Notons que même si les erreurs affectant plusieurs octets ne sont pas aujourd'hui exploitables par les attaques DFA, leur détection est d'un intérêt primordial pour détecter l'attaque elle-même.

Notons aussi qu'il reste difficile d'être exhaustif sur l'injection de toutes les erreurs pouvant affecter de 1 jusqu'à 128 bits de données, après chaque opération du chiffrement, durant chacune des 10 rondes de l'AES. Dans les simulations suivantes nous avons donc injecté des erreurs aléatoires affectant n'importe lesquels des 128 bits d'état, avec une multiplicité d'erreur variant de 1 à 64 bits. Pour chaque multiplicité d'erreur, 1000 instants d'injection aléatoires ont été considérés (les erreurs pouvant apparaitre après n'importe quelle opération durant les 10 rondes de chiffrement AES), les bits affectés étant choisis aléatoirement parmi les 128 de la matrice d'Etat. Les résultats de simulation sont présentés dans le Tableau 3.

Mult. d'erreur	Schéma [65]	Schéma [63]	Optimisation1 ([63] + [66])	Schéma [64]	Optimisation2 ([64]+[66])
1	0	0	0	5141	0
	(0%)	(0%)	(0%)	(12,85%)	(0%)
2	549	2164	1883	34434	34373
	(1,37%)	(5,41%)	(4,71%)	(86,09%)	(85,93%)
3	2	0	0	4948	0
	(0,01%)	(0%)	(0%)	(12,37%)	(0%)
4	70	320	262	34631	34500
	(0,18%)	(0,80%)	(0,66%)	(86,58%)	(86,25%)
5	1	0	0	5076	0
	(0%)	(0%)	(0%)	(12,69%)	(0%)
6	0	80	61	34570	34567
	(0%)	(0,20%)	(0,15%)	(86,43%)	(86,42%)
7	0	0	0	4961	0
	(0%)	(0%)	(0%)	(12,40%)	(0%)
8	0	0	0	34505	34473
	(0%)	(0%)	(0%)	(86,26%)	(86,18%)
9	0	0	0	4974	0
	(0%)	(0%)	(0%)	(12,37%)	(0%)
10	0	0	0	34397	34419
	(0%)	(0%)	(0%)	(85,95%)	(86,05%)
11	0	0	0	4941	0
	(0%)	(0%)	(0%)	(12,35%)	(0%)

12	0	0	0	34539	34611
	(0%)	(0%)	(0%)	(86,35%)	(86,53%)
13	0	0	0	4970	0
	(0%)	(0%)	(0%)	(12,43%)	(0%)
14	0	0	0	34499	34479
	(0%)	(0%)	(0%)	(86,25%)	(86,20%)
15	0	0	0	5026	0
	(0%)	(0%)	(0%)	(12,57%)	(0%)
16	0	0	0	34525	34492
	(0%)	(0%)	(0%)	(86,31%)	(86,23%)
.....	.....	.....	.....	.....	.....
62	0	0	0	34466	34557
	(0%)	(0%)	(0%)	(86,17%)	(86,39%)
63	0	0	0	5039	0
	(0%)	(0%)	(0%)	(12,60%)	(0%)
64	0	0	0	34539	34511
	(0%)	(0%)	(0%)	(86,35%)	(86,28%)

Tableau 3 : Nombre et pourcentage des erreurs non détectés, cas d'erreur sur un nombre d'octet quelconque

Toutes les techniques détectent les erreurs de multiplicité supérieure à 6 bits, sauf le schéma de détection de [64] toujours pour les mêmes raisons, c.-à-d. son incapacité de révéler les erreurs avec un seul bit de parité sur l'ensemble des 128 bits. Comme précédemment, l'optimisation proposée sur les SBoxes (optimisation 2) permet de détecter toutes les erreurs de multiplicité impaires..

3.5 Fautes et multiplicité d'Erreur

Dans la section précédente, les schémas de détection concurrents ont été évalués en termes de capacités de détection d'erreur. Les erreurs ont été injectées à différentes positions spatiales et temporelles dans la matrice d'état indépendamment du fait que ces erreurs peuvent effectivement se produire à partir de fautes transitoires dans les parties combinatoires. Toutefois, cette information n'est pas suffisante pour évaluer la capacité des schémas de détection vis à vis des erreurs « possibles ».

Dans cette section, nous présentons les résultats d'expériences menées dans le but de montrer quels sont les profils d'erreur « possibles », c.-à-d. les erreurs résultants de l'injection de fautes de collage simples et transitoires dans les parties logiques du circuit.

3.5.1 ShiftRows

L'opération ShiftRows se résume à du câblage, et n'est donc pas concernée par les attaques en faute.

3.5.2 AddRoundKey

L'opération AddRoundKey consiste en une seule couche de portes Ou-exclusif. Pour le modèle de faute considéré (collage simple), seules des erreurs de multiplicité 1 peuvent apparaitre en sortie de cette opération sur les 128 bits de la matrice d'Etat.

3.5.3 MixColumns

La transformation MixColumns est appliquée sur 32 bits d'entrée (4 octets dans la même colonne de la matrice de l'État) et fournit un résultat sur 32 bits. Elle exécute la multiplication de chaque octet par des coefficients constants {02}, {03} et {01} dans GF (2^8) (voir Chapitre1) et exécute la somme (Ou-exclusif) d'octets sélectionnés parmi les 3x4 octets obtenus pour fournir les 4 octets de sortie.

Une implémentation possible de l'opération MixColumns est représentée dans la Figure 41. La multiplication par le coefficient {01} est un simple câblage, il n'y a pas de site d'injection de faute possible pour cette opération. Les opérations de multiplication par les constantes {02} et {03} sont effectuées de façon indépendante de façon à ce qu'une faute affectant le résultat de La multiplication par {02} n'affecte pas le résultat de multiplication par {03} et vice versa. Cela permet de s'assurer que toute faute simple ne produira qu'une erreur de multiplicité à 1 dans la matrice d'état (les sites de fautes possibles sont représentés dans la Figure 41).

X étant un octet exprimé tel : $\{x_7,x_6,x_5,x_4,x_3,x_2,x_1,x_0\}$. L'opération $\{02\}X$ peut être calculée comme : $\{02\}X=\{x_6,x_5,x_4,x_3,x_2,x_1,x_0,0\} \oplus \{0,0,0,x_7,x_7,0,x_7,x_7\}$. L'opération $\{03\}X$ elle peut être calculée alors comme: $\{03\}X=\{x_6,x_5,x_4,x_3,x_2,x_1,x_0,0\} \oplus \{0,0,0,x_7,x_7,0,x_7,x_7\} \oplus \{x_7,x_6,x_5,x_4,x_3,x_2,x_1,x_0\}$.

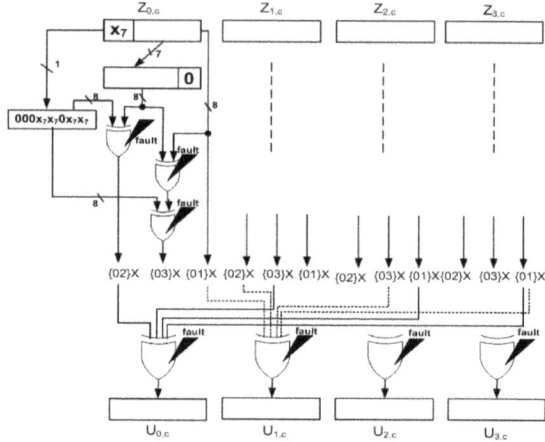

Figure 41 : Implantation matérielle de l'opération MixColumns et sites possibles d'injection de fautes

3.5.4 SubBytes

Pour l'opération SubBytes, différentes implémentations sont possibles. Nous avons implémenté sept versions différentes de SBoxes en utilisant différents paramètres de synthèse et différents styles de descriptions comportementales (table de vérité, portes logiques et équations mathématiques). Les synthèses ont été réalisées à partir de la bibliothèque de technologie AMS 0.35µm et les outils de synthèse RTL Compiler de Cadence$^{\copyright}$ ou Design Compiler de Synopsys$^{\copyright}$:

- **SBox1** : description VHDL en *table de vérité*, synthétisée avec RTL Compiler ; option de synthèse : *"-map_effort high"* ; Résultat : 553 cellules.
- **SBox2** : description VHDL en deux blocs : *l'inversion* dans GF (2^8) est décrite comme une *table de vérité*, et *la transformation affine* synthétisée à partir d'équations *mathématiques* avec *Design Compiler* ; option de synthèse : *"-map_effort high"* ; Résultat : 477 cellules.
- **SBox3** : description VHDL en *table de vérité*, synthétisée avec *Design Compiler* ;option de synthèse : *"-map_effort low"* ; Résultat : 482 cellules.

- **SBox4** : description VHDL en *table de vérité*, synthétisée avec ***Design Compiler*** ; option de synthèse : *"-map_effort medium"* ; Résultat : 474 cellules.
- **SBox5** : description VHDL en *table de vérité*, synthétisée avec ***Design Compiler*** ; option de synthese : *"-map_effort high"* ;Résultat : 481 cellules.
- **SBox6** : description **mathématique** en VHDL, en utilisant la décomposition des calculs comme décrit dans [74], synthétisée avec ***Design Compiler*** ; option de synthèse : *"-map_effort high"* ; Résultat : 193 cellules.
- **SBox7 :** description **mathématique** en VHDL, en utilisant la décomposition des calculs comme décrit dans [78], synthétisée avec ***Design Compiler*** ; option de synthese : *"-map_effort high"* ; Résultat : 258 cellules.

3.5.5 Résultats

Pour chaque implémentation de SBox nous avons exécuté une simulation de faute exhaustive, c'est-à-dire que nous avons appliqué toutes les valeurs d'entrées possibles (256 valeurs) et nous avons simulé le comportement du dispositif pour chaque faute de collage possible dans le circuit (Simulateur de fautes Lifting [79]). Le simulateur nous a permis de collecter le profil d'erreur obtenu (nombre de bits erronés à la sortie de la SBox ou multiplicité d'erreur) pour chaque couple {vecteur d'entrée/faute}.

Le Tableau 4 reporte ces résultats de simulation. La première colonne (multiplicité d'erreur = 0) correspond à tous les cas où l'effet de la faute n'est pas propagé jusqu'à la sortie. Chaque cellule sur cette première colonne reporte sur la première ligne le nombre de couples (vecteur d'entrée/faute) correspondant à ce cas de figure, et sur la deuxième ligne, le pourcentage que ce nombre représente par rapport à l'ensemble des couples simulés. Dans les autres colonnes, les cellules rapportent, en plus du nombre de couples résultants pour la multiplicité d'erreur correspondante (1ère ligne) et du pourcentage que cela représente par rapport au nombre total de couples (2ième ligne), le pourcentage de ces couples par rapport au nombre de couples qui génèrent au moins 1 erreur à la sortie de la SBox (3ième ligne). Par exemple, pour la première SBox simulée, 91% de résultats de simulations révèlent 0 erreur. Parmi les 9% de cas restants et pour lesquels au moins un bit de sortie est erroné, environ 7% des couples (vecteur d'entrée/faute) produisent 1 seul bit erroné parmi l'ensemble de tous les couples possibles, ce qui représente 78 % des couples pour lesquels au moins un bit est erroné en sortie.

Ce résultat sur la SBox1 par exemple montre donc que dans 78% des cas (vecteur d'entrée/faute), un simple code de parité permettra de détecter la faute transitoire. Pour cette SBox particulière, aucune faute ne produit d'erreur de multiplicité 8, et ce quel que soit le vecteur d'entrée utilisé. Il est donc inutile dans ce cas d'utiliser un code pouvant détecter jusqu'à des erreurs de multiplicité 8.

La Figure 42 reporte pour chaque S-Box les pourcentages de couples (vecteur d'entrée/faute) produisant une multiplicité d'erreur de 1 à 8 bit en sortie (résultats indiqués en $3^{\text{ième}}$ ligne de chaque cellule du Tableau 4). Les courbes correspondantes aux SBox3, SBox4 et SBox5 sont quasi-superposées, montrant que les options de synthèse n'ont pas beaucoup modifié les implantations architecturales. On remarquera que pour les SBoxes synthétisées à partir d'une description par table de vérité (SBox1, SBox3, SBox4 et SBox5), la multiplicité d'erreurs à la sortie de la SBox est concentrée autour de 1 ou 2. Autrement dit la majeure partie des fautes se révèlent au travers d'un 1 ou 2 bit(s) erronés et ce pour la plupart des vecteur d'entrée possibles. Il est donc intéressant dans ce cas d'utiliser des codes détecteurs d'erreurs sur 1 ou 2 bits puisqu'ils seront capables de détecter la majorité des fautes.

A l'inverse, les architectures synthétisées à partir de descriptions mathématiques (SBox6 et SBox7) conduisent à des multiplicités d'erreurs beaucoup plus réparties. Ceci peut s'expliquer par le fait que les décompositions des données vers le corps $GF(2^2)$ pour simplifier les calculs, puis à nouveau vers $GF(2^8)$ pour retourner au résultat sur un octet, permet de propager les erreurs dans toute la structure.

De plus, on peut remarquer que ces SBoxes voient leurs sorties affectées d'erreurs beaucoup plus fréquemment que les SBoxes synthétisées à partir des tables de vérité (première colonne du Tableau 4) : environ 90% des couples (vecteur d'entrée/faute) ne produisent aucune erreur en sortie pour les SBox1, SBox3, SBox4 et SBox5, alors que moins de 68% des couples (vecteur d'entrée/faute) ne produisent aucune erreur en sortie des SBox6 et SBox7.

La SBox2 est une solution intermédiaire avec une partie de description par table de vérité et l'autre à partir d'équations. Pour celle-ci, la majorité des erreurs obtenues en sortie se concentre autour des multiplicités 5 et 4. Un code permettant de révéler des erreurs jusqu'à 5 bits erronés couvrirait donc la majorité des cas.

	0	1	2	3	4	5	6	7	8
SBox1	450382	36551	6448	2033	953	474	235	62	---
	91%	7%	1%	0%	0%	0%	0%	0%	---

	---	78%	14%	4%	2%	1%	1%	0%	---
	418618	7311	8973	4808	9949	27511	8486	212	20
SBox2	86%	2%	2%	1%	2%	6%	2%	0%	0%
	---	11%	3%	7%	15%	41%	13%	0%	0%
	441855	23658	16745	8534	3924	1629	636	147	24
SBox3	89%	5%	3%	2%	1%	0%	0%	0%	0%
	---	43%	30%	15%	7%	3%	1%	0%	0%
	438510	23849	16609	8212	3801	1544	619	145	23
SBox4	89%	5%	4%	2%	1%	0%	0%	0%	0%
	---	44%	30%	15%	7%	3%	1%	0%	0%
	441836	23644	16744	8547	3922	1631	637	147	24
SBox5	89%	5%	3%	2%	1%	0%	0%	0%	0%
	---	43%	30%	15%	7%	3%	1%	0%	0%
	146192	16289	9688	14484	16418	13639	8641	1517	2252
SBox6	64%	7%	4%	6%	7%	6%	4%	1%	1%
	---	20%	12%	17%	20%	16%	10%	2%	3%
	161342	13102	10548	18182	10982	13205	7794	1219	170
SBox7	68%	6%	4%	8%	5%	6%	3%	1%	0%
	---	17%	14%	24%	15%	18%	10%	2%	0%

Tableau 4 : Multiplicités d'erreur obtenues en sortie d'une SBox pour l'ensemble des fautes pouvant l'affecter et l'ensemble des vecteurs d'entrée possible

De telles expériences doivent être menées pour choisir efficacement les schémas de détection de faute les plus appropriés. Par exemple, une solution basée sur la parité peut être suffisante lorsque l'opération SubBytes est implémentée comme la SBox1, alors qu'un code capable de détecter les erreurs de multiplicité 1 à 6 sera plus approprié pour protéger les SBox6 et SBox7.

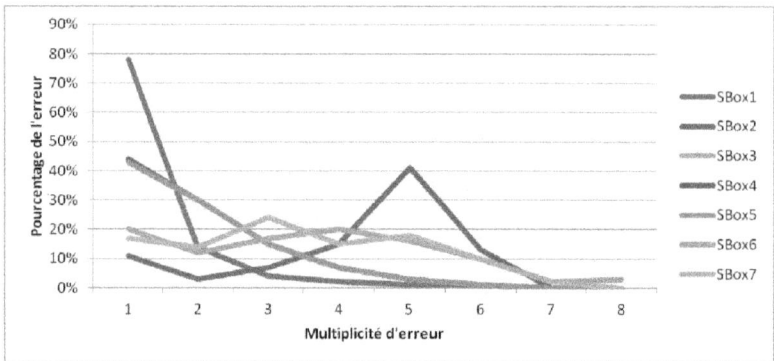

Figure 42 : Répartition des multiplicités d'erreur

Pour résumer l'expérience menée sur les SBoxes, les descriptions à partir de table de vérité conduisent à des implémentations plus coûteuses en termes de surface, mais sont plus facilement protégés en raison du petit nombre de la multiplicité des erreurs sur leur sortie. A l'inverse, les architectures issues de descriptions mathématiques sont moins coûteuses en termes de surface mais nécessitent des systèmes de détection d'erreur permettant de révéler d'avantage de bits fautifs..

3.6 Conclusions

Ce chapitre a présenté une étude des mécanismes permettant de détecter les erreurs résultants de fautes transitoires dans un cœur implémentant le standard de chiffrement AES. Nous avons analysé plus précisément plusieurs schémas de détection d'erreur basés sur de la redondance d'information (code détecteur), certains issus de la littérature, d'autres originaux utilisant un double code de parité entrée-sortie sur les composants les plus importants de l'AES, c.-à-d. les SBoxes.

La comparaison de ces différents mécanismes a été faite en termes de nombre de bits de parité supplémentaire, de surcoût en surface, de consommation d'énergie, de pénalités en performance, et en termes d'efficacité (capacité de détection d'erreur). L'analyse sur l'efficacité a été conduite vis à vis de la multiplicité d'erreurs (nombre de bits affectés) pour vérifier la capacité de ces schémas de protection à détecter des erreurs exploitables. Les attaques connues aujourd'hui ne peuvent exploiter que des erreurs sur un nombre de bits assez restreint. Les détections mis en place peuvent donc se limiter à la détection d'un nombre réduits de bits erronés, toutefois la détections d'un grand nombre de bits erronés peut permettre d'une part de révéler une attaque (même si celle-ci ne sera pas exploitable), et d'autre part de se protéger d'éventuelles attaques qui seront développées dans le futur et qui elles pourront exploiter un grand nombre de bits erronés.

Nous avons aussi étudié la corrélation qu'il existe entre la présence d'une faute de collage simple transitoire (faute pouvant être injectée par laser par exemple), et le profil des erreurs obtenues en sortie. Lorsque la plupart des fautes conduisent à des erreurs de faible multiplicité, il n'est pas nécessaire d'utiliser des codes détecteurs d'erreur capables de détecter un grand nombre de bits erronés. Comme cela a été montré, cette corrélation dépend de l'implantation structurelle des fonctions. Il est donc recommandé d'effectuer ce type d'analyse avant de faire le choix d'un code détecteur.

Le chapitre suivant présentera une étude sur la protection conjointe d'un système vis-à-vis des attaques par analyse de fautes différentielle et analyse de consommation différentielle.

Chapitre 4

Combinaison de deux
contre-mesures pour l'AES

Dans les chapitres 2 et 3 nous avons présenté les attaques en fautes et les différentes contre-mesures possibles pour prévenir leurs effets. Plus particulièrement nous nous sommes intéressés à la redondance d'information (les codes détecteurs/correcteurs d'erreur) pour son compromis convenable entre le coût en termes de matériel rajouté et le taux de détection d'erreur. Malheureusement, en rajoutant du matériel dédié à la détection/correction d'erreur à un circuit cryptographique, on augmente la corrélation entre les données traitées et la consommation globale du circuit [80]. Ceci peut faciliter la réalisation d'autres types d'attaques qui sont justement basés sur l'analyse de cette corrélation. Nous nous intéresserons ici plus particulièrement aux attaques basées sur l'analyse différentielle de puissance (Differential Power Analysis, DPA) [81].

Les attaques DPA sont basées sur l'observation et l'analyse de la consommation électrique du circuit, afin de trouver une corrélation entre les données traitées et les caractéristiques physiques des signaux du circuit, qui reflètent eux une image de l'activité interne du circuit. Des méthodes d'analyses statistiques sont ensuite utilisées pour exploiter ces corrélations et extraire la clef secrète ([82] et [83]). Pour se prévenir de ce type d'attaques, l'une des contre-mesures proposée dans la littérature est le masquage. Cette technique consiste à "mixer"[2] la donnée à traiter avec une valeur aléatoire (le masque) avant l'exécution du calcul et à "retirer" la valeur aléatoire en fin de calcul de façon à obtenir le résultat correct. Le but est de masquer les données sensibles (secrètes) en supprimant le moyen d'établir une corrélation entre le courant consommé et les données.

---

[2] Cette opération ainsi que l'opération de retrait de la valeur aléatoire dépend de l'algorithme cryptographique (cf. paragraphes suivants).

Dans ce chapitre, nous présentons la combinaison de deux contre mesures, la première qui utilise la redondance d'information pour prévenir les attaques en fautes et la deuxième basée sur la technique de masquage pour se prémunir contre les attaques DPA.

Nous présentons d'abord le principe des attaques par analyse de consommation, et comment la clef secrète peut être retrouvée, ainsi que les contre-mesures proposés pour les contrecarrer. Ensuite, puisque nous avons choisi la contre-mesure basée sur le masquage pour les attaques DPA, nous avons étudié le coût engendré par cette contre-mesure. Pour ce, nous avons implémenté un AES protégé par masquage en utilisant 3 architectures (128, 32 et 8 bits). Finalement, nous terminons le chapitre en présentant notre solution qui combine les deux contre mesures (redondance d'information détaillée dans le chapitre 3 et masquage), en montrant l'effet de cette combinaison en termes de taux de détection d'erreur, de surface, de consommation et de dégradation de performances.

4.1 Attaques par analyse de puissance

De nos jours, la technologie CMOS (Complementary Metal Oxid Semiconductor) est la plus répandue pour construire les circuits intégrés. Dans ce type de technologie, le circuit consomme essentiellement du courant lorsqu'il y a un changement d'état de ses parties logiques : la puissance la plus notable est consommée lors des transitions sur les portes et bascules (passage de l'état 0 à l'état 1, ou passage de l'état 1 à l'état 0). Il faut noter aussi que la puissance consommée par une porte logique est différente selon qu'elle charge ou décharge sa capacité de sortie (transition vers l'état haut ou l'état bas respectivement). Les attaques par analyse différentielle exploitent le fait que le courant consommé dans un circuit intégré CMOS est lié aux transitions de ses portes internes, et donc par conséquent il est également lié à la clef secrète et aux données manipulées dans le circuit. Dans la Figure 43 on peut remarquer la variation du courant dans un inverseur de la technologie ST 90 nm en fonction de la transition de sa sortie.

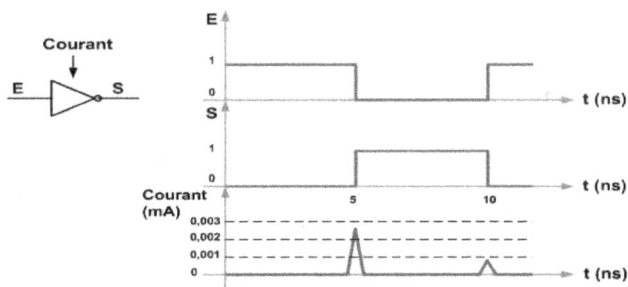

Figure 43: Consommation d'un inverseur suivant les transitions de la sortie

Il existe deux principaux types d'attaques basés sur l'analyse de consommation: les attaques par analyse simple de consommation et les attaques par analyse différentielle de consommation.

4.1.1 Analyse simple de consommation

L'analyse simple de puissance SPA (Simple Power Analysis) [81] est historiquement la première attaque à exploiter les profils de consommation d'un circuit pour déduire les données secrètes. Bien qu'elle ne soit plus en pratique de mise sur les circuits actuels, du fait de trop faibles variations de consommation exploitables, nous la présentons rapidement de façon à illustrer la corrélation existante entre données manipulées et profils de consommation.

La SPA consiste à l'observation directe de la consommation d'énergie d'un circuit cryptographique ou d'un processeur durant l'exécution d'un algorithme cryptographique ou d'autres opérations traitant des données secrètes. Lorsqu'une instruction traite des valeurs différentes, la consommation d'énergie correspondante est différente pour chaque valeur. Sur un processeur, la consommation d'énergie dépend également des instructions exécutées et donc des données manipulées. L'attaquant peut analyser ces consommations de puissances et extraire les clefs secrètes impliquées. Une attaque SPA peut révéler des informations aussi bien sur l'opération en cours d'exécution que sur les données traitées. Ce type d'attaque peut être utilisé pour briser les implémentations cryptographiques dans lesquels le chemin d'exécution dépend des données en cours de traitement tels que le cas des implémentations RSA. La SPA est donc particulièrement adaptée aux implantations à base de microprocesseurs.

Une implémentation de l'algorithme RSA fait apparaitre directement les données de la clef. En effet, si on regarde la partie suivante tirée du l'algorithme RSA, on s'aperçoit que le calcul dépend directement de la valeur du bit de la clef.

$Entrées : c, d, n$

$Sortie: m$

$m = 1$

$Pour\ i\ de\ 1\ à\ l - 1\ faire :$

$\quad c = (c * c)\ mod\ n\ ;$

$\quad Si\ d_i = 1\ alors:$

$\quad\quad\quad m = (m * c)\ mod\ n$

$\quad Fin$

Fin

On peut remarquer donc que selon la valeur du bit de clef d_i soit on calcule juste un carré, soit on calcule un carré suivi d'une multiplication. Les profils de consommation diffèrent alors. Ceci permet donc de retrouver les valeurs des bits de la clef privée (Figure 44). La clef recherchée dans ce cas est $(00\ F0\ 00\ FF)_{16}$.

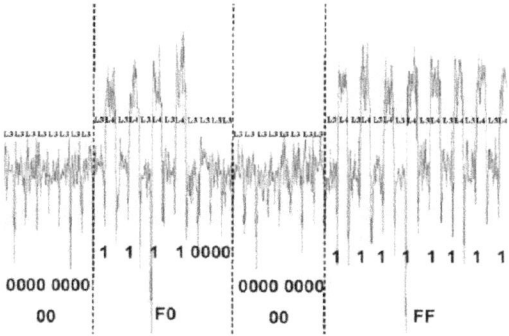

Figure 44 : Analyse simple de consommation sur une implémentation RSA [84]

La SPA est toutefois limitée par la précision des mesures de consommation. Par ailleurs, de nombreuses contre-mesures ont été proposées comme l'insertion d'instructions inutiles (au sens du calcul) ayant pour but de lisser les profils de consommation.

4.1.2   Analyse différentielle de consommation

Comme la SPA, l'attaque par analyse différentielle de consommation DPA (Differential Power Analysis) [85] exploite la variation de la consommation électrique du circuit pendant le traitement des données secrètes. L'un des principaux avantages de la DPA est qu'elle permet de "sortir" la consommation utile du bruit de mesure. Les attaques DPA sont généralement plus puissantes que les attaques SPA mais nécessitent une puissance de calcul supérieure car elles reposent sur un traitement statistique des courbes de consommation.

La DPA utilise une approche statistique qui permet de découvrir la clef secrète en classant les courbes de consommation du circuit en fonction de la consommation prévue d'une seule porte (dite porte cible) parmi toutes les autres portes du circuit. La prévision de la consommation de cette porte est faite en considérant toutes les combinaisons de valeurs de la clef qui peuvent modifier la valeur de la porte ciblée. Pour cela, la porte ciblée doit être choisie de telle sorte que sa valeur ne dépende seulement d'une petite partie de la clef, afin que toutes les hypothèses sur les sous-clefs puissent être prises en considération.

Considérons une séquence de vecteurs d'entrée $(P0, P1, \ldots, Pn)$ qui génère des transitions $(T1\ (P0 \to P1), T2\ (P1 \to P2), \ldots, Tn\ (Pn-1 \to Pn))$ sur les entrées primaires du circuit. Une simulation logique du circuit tout en observant la porte ciblée permet de classer ces transitions d'entrée en deux paquets, selon l'hypothèse de la clef Ki sous évaluation:

- PA est l'ensemble des transitions d'entrée pour lesquelles la porte cible est supposée changer d'état $(si\ Ki = K)$, et donc fait que la porte cible consomme et participe à la consommation d'énergie globale du circuit.
- PB est l'ensemble des transitions d'entrée qui ne sont pas supposés conduire à une transition de la porte cible. La porte cible n'est pas censée participer à la puissance consommée par le circuit dans ce cas.

De toute évidence, la commutation de 0 à 1 des portes non ciblées contribue également à la consommation de puissance du circuit, mais les transitions d'entrée qui mènent à ces commutations sont supposées être réparties uniformément sur les deux ensembles PA et PB. Si l'on considère un grand nombre de transitions, la moyenne des consommations liées aux deux ensembles PA et PB sont pratiquement égales, à l'exception de la contribution de la porte ciblée. Autrement dit, puisque les deux ensembles sont classés de manière à ce que l'ensemble PA conduit toujours à une composante de la consommation d'énergie qui n'est pas présente dans l'ensemble PB, la différence entre les deux puissances moyennes calculées à partir des ensembles PA et PB doit montrer une notable différence. La Figure 45 présente la consommation en puissance du circuit lorsqu'on lui applique plusieurs vecteurs d'entrée $(P0, P1, \ldots, Pn)$, en supposant que l'hypothèse faite sur la clef est correcte. Chaque rectangle dans la figure présente la puissance totale consommée par le circuit à chaque application d'un nouveau vecteur d'entrée.

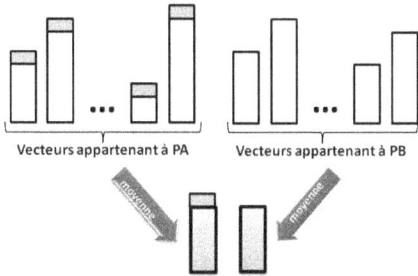

Figure 45 : Consommation électrique après répartition des vecteurs

Si les paquets PA et PB sont construits selon une clef qui n'est pas la clef implantée dans le circuit, statistiquement les moyennes des courbes de consommation seront quasiment identiques pour les deux paquets. A contrario, lorsque la construction des paquets PA et PB correspond à la clef réellement utilisée, la différence entre les puissances moyennes des 2 groupes, présentera une différence notable. Visuellement cela correspond à un pic sur la courbe différentielle (Figure 46).

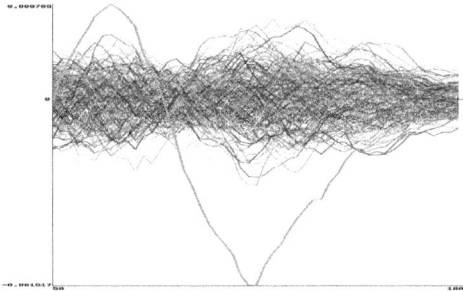

Figure 46: Courbe différentielle pour une clef correcte

Le processus de classification est illustré dans la Figure 47, avec K_x est supposée être la bonne clef. Dans cet exemple, la clef est codée sur 8 bits (256 hypothèses) et 12 vecteurs d'entrée ont été appliqués.

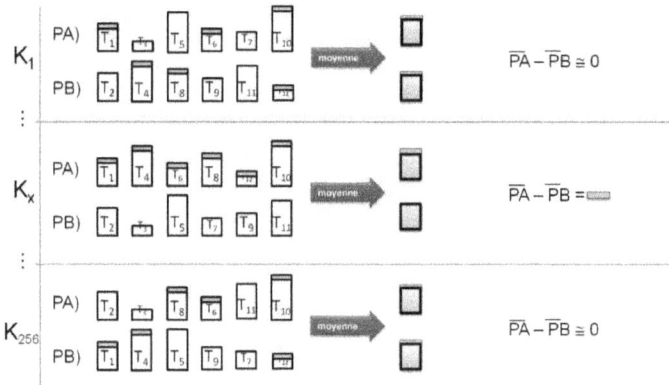

Figure 47 : Classification des vecteurs pour différentes hypothèses de clef

D'autres "paramètres classifiant" que la valeur 0 ou 1 de la porte ciblée peuvent être utilisés suivant le type d'implantation sous-jacent (logique à précharge, etc..). Ce peut être les valeurs de transitions, le fait que la porte commute de 0 à 1 ou pas, etc. Le principe de classification est similaire dans tous les cas. D'autres tests statistiques que la moyenne comme les coefficients de corrélation ont également été proposés (CPA [86]). Des variantes de la DPA, comme la DPA "d'ordre supérieur" considèrent plusieurs portes du circuit simultanément ou une même porte à différents instants.

4.2 Contre-mesures des attaques par analyse de consommation

Pour se protéger des attaques par analyse de consommation, les contre-mesures développées sont basées essentiellement sur la suppression des corrélations entre les données manipulées et le courant consommé. Nous présentons ci-après ces différentes contre-mesures.

La technique d'équilibrage consiste généralement à utiliser des circuits double-rail. Ils sont composés d'un circuit logique complémentaire à l'original pour garder la symétrie entre le bit '1' et le bit '0', et éventuellement équilibrer la transition des bits contribuant à la consommation du circuit ([87], [88], [89], [90] et [91]). Pour rendre le nombre de transitions indépendant des données, une phase dite de « pré-charge » ou

« état neutre » est souvent associée à ce type de circuit, pour forcer le circuit de passer à l'état neutre avant d'effectuer instantanément les dual-transitions. Ceci permet donc de maintenir la consommation totale du circuit indépendante des transitions (vues au niveau logique) 0->1 ou 1->0 ou d'une absence de transition. Ainsi la corrélation entre les données traitées et la consommation est, au moins théoriquement, supprimée. Toutefois cette technique est coûteuse en surface et en puissance et reste difficile à implanter du fait du nécessaire équilibrage temporel de tous les chemins.

Le principe de la régulation interne de consommation consiste à lisser la consommation du courant de composant en utilisant des filtres spécifiques appelés CMG (Current Mask Generator) qui sont capables de masquer la consommation réelle d'un circuit en maintenant la consommation totale du courant constante pour un point d'observation externe (un attaquant par exemple) ([92] et [93]). Le prix d'une telle solution est bien évidemment la consommation totale du circuit qui est étalonnée sur la puissance instantanée maximale.

Une autre contre-mesure consiste à désynchroniser les calculs ce qui rend difficile l'alignement des courbes de puissance lors du calcul des moyennes. Pour des implantations logicielles, un moyen utilisé est d'ajouter des boucles d'instructions factices par exemple, qui peuvent s'exécuter d'une manière aléatoire pendant l'exécution des calculs traitant des données sensibles ([94] et [95]). Cette technique s'apparente aux contre-mesures déjà citées contre la SPA. Pour des implantations matérielles, un moyen utilisé est d'introduire de la gigue sur l'horloge ou sur l'alimentation, en veillant qu'aucune erreur de fonctionnement ne se produise (les circuits asynchrones sont plus adaptés à ce type de solutions puisqu'ils sont par nature plus résistants aux erreurs de ce type que les circuits synchrones).

Toutefois, des techniques de DPA avancées comme la DPA d'ordre supérieur [96] ou la "mutual information analysis" [97] ont montré leur immunité à ces contre-mesures.

Le masquage consiste à masquer les données sensibles de façon à supprimer le moyen d'établir une corrélation entre le courant consommé et ces données. Pour ce, on fusionne une valeur générée aléatoirement (le masque) avec la donnée d'entrée, on exécute l'algorithme cryptographique (les données sont mélangées maintenant avec la valeur aléatoire, la DPA ne peut pas marcher puisqu'il faut contrôler les entrées), puis on retire le masque à la fin des calculs. L'objectif de cette technique est donc de masquer les données d'entrée avec une donnée aléatoire pendant un chiffrement (déchiffrement) pour empêcher et fausser toute analyse de corrélation.

Selon la nature des opérations de l'algorithme cryptographique, deux types de masques sont utilisés. Le premier est le masquage arithmétique. Il consiste à effectuer une opération arithmétique entre la donnée et le masque (telle l'addition ou la multiplication par exemple). Ce type de masquage est principalement utilisé dans les algorithmes cryptographiques asymétriques puisque ceux-ci sont basés sur des fonctions mathématiques (le RSA). Le second type de masquage est masquage booléen. Il consiste à mixer la donnée avec le masque à l'aide d'une opération ou-exclusif. Il est essentiellement utilisé pour les parties linéaires des algorithmes symétriques, puisqu'il suffit d'ajouter le masque avant et après ces opérations pour restituer la valeur correcte. Concernant les parties non linéaires, telle la fonction SubBytes de l'AES, il faut adapter l'opération de masquage de façon que l'on puisse rétablir la valeur de la donnée de sortie à la fin du calcul.

Dans la section suivante, nous présentons une technique de masquage de l'AES qui a été publiée lors de la conférence CHES 2001 dans [98]. Le masque utilisé est de type booléen et a été adapté à l'opération non linéaire SubBytes de l'AES pour permettre la propagation de masque à travers cette opération, c'est ce qu'on appellera par la suite un masquage adaptatif. Nous avons appliqué cette contre mesure sur plusieurs types d'architectures d'AES (128, 32 et 8 bits) pour étudier son coût en terme de matériel additionnel.

4.3 Protection par masquage adaptatif

Le principe de cette contre-mesure est qu'au lieu de masquer chaque étape du calcul, on laisse le masque initial se propager à travers les différentes opérations tout en ayant la possibilité de remettre le masque à une valeur connue lors d'une étape fixée (à la fin d'une opération spécifique ou à la fin d'une ronde par exemple). Le principal problème avec cette contre-mesure provient des parties non linéaires de l'algorithme. En effet le calcul de la propagation de masque est très difficile pour les opérations non linéaires. Giraud a proposé dans [98] deux possibilités de masquage booléen adaptatif à appliquer sur l'AES : *1)* une solution basée sur la transformation du masquage booléen en un masquage multiplicatif, et *2)* une deuxième solution purement booléenne (masquage additif à l'aide d'Où-exclusif) [99].

L'inconvénient majeur du masque multiplicatif est son inefficacité lorsque la valeur à masquer est la valeur nulle ([100] et [101]). Nous avons donc opté pour une protection DPA par masque additif.

4.3.1 Masquage additif

Le principe ici est d'intégrer le masquage pendant le calcul de l'opération SubBytes. D'abord avant la première ronde, un masque R_0 (sur 8 bits) est ajouté à chaque octet du message à chiffrer. Ceci est fait en même temps que l'addition du message à chiffrer avec la clef de chiffrement. Ensuite, lors de chaque ronde on ajoute à nouveau R_0 avant l'opération SubBytes. Un deuxième masque $R1_0$ (sur 8 bits) est ajouté à chaque octet de donnée à la sortie de la SBox. $R1_0$ est identique pour les 16 octets de données.

Le bloc SBox est adapté de telle façon que sa sortie donne le résultat $SBM(A_i) = SB\,(A_i \oplus R_0) \oplus R1_0$. On appellera cette SBox avec masquage dans la suite SBox modifiée ou SBM. Une attaque DPA sur les sorties des SBMs est ainsi rendue impossible puisque la valeur de sortie dépend de la donnée inconnue $R1_0$,

Une troisième valeur aléatoire $R2$ de 128 bits est ajoutée aux sorties des SBMs pour masquer les autres opérations, qui sont linéaires, de la ronde.

En fin de ronde, lors de l'opération AddRoundKey, la valeur $R5 = R \oplus Mixcolumns\,(ShiftRows(R1 \oplus R2))$ est ajoutée au résultat de façon à supprimer $R1$ et $R2$.

La Figure 48 présente une ronde de l'AES avec cette contre-mesure :

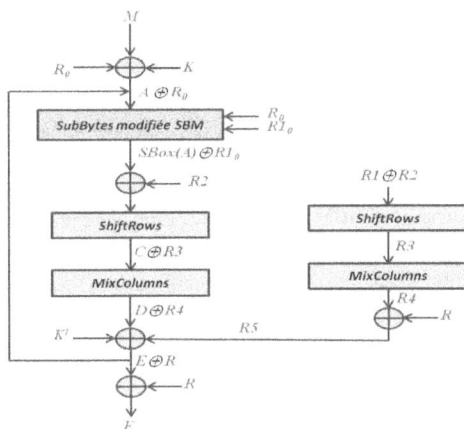

Figure 48 : Masquage adaptatif sur l'AES (par masque additif)

- $R3 = ShiftRows(R1 \oplus R2)$.
- $R4 = MixColumns(R3)$.
- $R5 = R \oplus R4$.

En fin d'encryption/décryption, le masque R est finalement ajouté pour restituer le résultat correct.

La SBox doit donc être adaptée en fonction de R_0 et $R1_0$. Pour ce faire, une fois R_0 et $R1_0$ choisies, les valeurs de la SBM sont pré-calculées et stockés dans une mémoire de 256 octets.

Il faut noter que la valeur $R2$ peut être modifiée à chaque ronde. Par contre du fait du pré-calcul des SBMs, R et $R1$ doivent être gardés constants au cours d'une encryption. Bien entendu, ils peuvent être modifiés d'une encryption à l'autre.

Chacun des blocs de l'AES est donc ainsi protégé puisque aucune des valeurs de sorties de blocs ne peut être prédite. Le "ou-exclusif" initial avec la clef primaire est protégé par l'ajout du masque R_0, les SBMs par l'ajout de $R1_0$ et les autres blocs par l'ajout de R2. De plus la valeur de R2 peut être modifiée à chaque ronde.

Nous avons implanté cette solution sur la bibliothèque de cellules standards AMS 0.35 micro-mètres ainsi que sur un circuit *FPGA Virtex-5*, pour en mesurer le coût additionnel. Ce travail a été réalisé dans le cadre du stage de master 2 de S. El Majdoub que j'ai co-encadré.

4.3.2 Implantations

Comme mentionné précédemment, pour le caractère non linéaire de l'opération SubBytes, nous avons implémenté en mémoire une SBox modifiée (SBM). Le pré-calcul intègre la table SBox standard de l'AES en plus de deux Ou-exclusifs sur les deux masques R et $R1$ (Figure 49).

Le pré-calcul de la SBM se fait à l'aide d'un compteur (de 0 à 255 en décimal) en amont d'une SBox. Le résultat est stocké dans une table mémoire de 16×16 octets. Cette table est utilisée lors du chiffrement/déchiffrement.

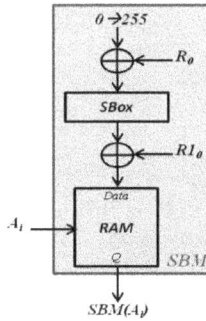

Figure 49 :Précalcul de la Sbox modifiée

Dans la suite, nous présentons trois architectures d'AES reposant sur cette contre mesure : Architectures sur 128, 32 et 8 bits. Ces différentes architectures ont été développées en utilisant une description structurelle en langage VHDL. Elles sont constituées de différents blocs qui représentent des entités de la structure de l'algorithme : Un bloc de pré-calcul de la SBM, un bloc de calcul de l'AES sécurisé et un bloc de propagation des masques pour les autres opérations de l'AES. Pour les trois architectures, 256 coups d'horloge sont nécessaires pour stocker l'opération de pré calcul de la SBM en mémoire.

Pour l'architecture 128 bits, l'AES sécurisé contient 16 SBMs dans le bloc de calcul. La durée d'une encryption complète de l'AES sécurisé 128 bits est de 268 coups d'horloge : 12 coups d'horloges en plus sur l'opération de pré-calcul.

Pour l'architecture d'AES 32 bits, puisque l'opération ShiftRows traite des blocs de 4×4 octets (décalage d'octets), nous l'avons effectué avant l'opération SubBytes. Ainsi, Le bloc de calcul de l'AES dans cette architecture contient 4 SBMs au lieu de 16. La durée totale pour obtenir le résultat de l'AES sécurisé est de 328 coups d'horloge : 72 coups d'horloge supplémentaires sur le pré-calcul.

L'architecture 8 bits est semblable à l'architecture 32 bits. Pour le stockage des valeurs intermédiaires de l'opération MixColumns, en y rajoute 16 registres de 8 bits, et on y ajoute aussi un registre 32 bits pour stocker les 4 octets obtenus après la SBM dans cette architecture (MixColumns opérant sur des blocs colonnes de 32 bits). Le nombre total de coups d'horloge nécessaires dans cette architecture pour obtenir le résultat de l'AES sécurisé est de 438 coups d'horloge : 182 coups d'horloge supplémentaires sur le pré-calcul.

Nous avons synthétisé le circuit protégé dans les 3 architectures proposées, ainsi qu'une architecture "standard" 128 bits de l'AES en utilisant la librairie AMS 0.35 µm avec l'outil de synthèse *DESIGN ANALYZER* de *SYNOPSYS*. Les résultats sont donnés dans le tableau ci-après:

Architecture	Optimisation	Total area (µm²)	Power (w)	Cycles d'horloges
Non sécurisée (128 bits)	Area (medium)	814083	0.607	12
128 bits	Area (medium)	18182988	4.23	268
32 bits	Area (medium)	59655582	1.41	328
8 bits	Area (medium)	2879388	0.701	438

Pour l'architecture sécurisée 128 bits, l'augmentation de la latence par rapport à une architecture non sécurisée, est dû au pré-calcul des SBMs lorsque les masques sont modifiés. Lorsque les masques ne sont pas modifiés, les deux versions du circuit présentent des latences identiques en nombre de cycles (12 cycles d'horloges). L'accroissement de surface et de consommation sont au fait que les 16 SBMs sont implantées sous forme de 16 RAMs, en réalités des bascules FFS, au lieu de 16 blocs logiques. Ceci augmente considérablement la surface et la consommation du circuit. Pour résoudre ce problème de surface, nous avons développé une architecture 32 bits qui permet de diviser par 4 le nombre des SBoxes modifiées SBMs.

On remarque pour l'architecture 32 bits que sa consommation (1.41 W) est assez inférieure à celle de l'architecture sécurisée 128 bits (4.23 W) puisque nous avons réduit la surface occupée d'un facteur de 3 (5965582 µm² au lieu de 18182988 µm²). La surface étant fortement dépendante du nombre des SBMs, nous pouvons la réduire en développant une architecture qui comporte une seule SBM. Ainsi, nous avons développé une architecture 8 bits qui nous permettra de ramener le nombre des SBoxes modifiées SBMs de quatre à une seule. D'autre part, le temps d'exécution du chiffrement AES va nettement augmenter.

Dans l'architecture 8 bits, nous avons réduit considérablement la surface totale de l'architecture ainsi que sa consommation par rapport aux architectures 128 et 32 bits. Par contre, le système est devenu moins rapide du fait de stocker les résultats temporaires du calcul de l'AES dans des registres. Cette latence supplémentaire reste néanmoins moins importante par rapport au gain en surface et consommation de l'architecture 8 bits (438 coups d'horloge pour une archi. 8 bits, 328 coups pour une archi. 32 bits et 268 coups pour archi. 128 bits).

Nous avons implémenté l'architecture 8 bits sur un FPGA de type Virtex-5. Le graphique (Figure 50) présente l'occupation du FPGA en nombre de blocks :

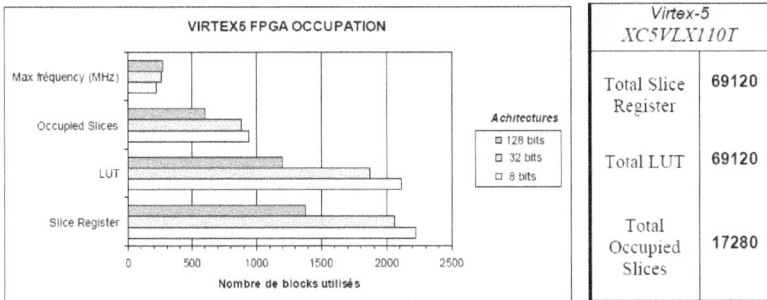

Figure 50 : Graphique représentatif de l'occupation du FPGA Virtex-5

4.3.3 Conclusion

Nous avons présenté dans cette section l'implantation d'un algorithme AES sécurisé avec une technique de masquage adaptif. Nous avons appliqué cette contre-mesure aux différentes architectures (128, 32 et 8 bits) et nous avons implanté la dernière architecture 8 bits sur circuit logique programmable FPGA Virtex-5.

Les résultats des simulations ont montré que, par rapport aux architectures 128 et 32 bits, l'architecture 8 bits nécessite un nombre de cycles plus important (438 cycles) pour effectuer un chiffrement sécurisé complet. Malgré cette forte latence, cette architecture permet de réduire considérablement la surface occupée (synthèse ASIC) et permet de résoudre certaines contraintes pour assurer le meilleur compromis latence-surface-consommation malgré l'ajout des registres qui stockent tous les résultats intermédiaires d'une ronde. Cette implémentation (fonction SubBytes sous forme de mémoire), permet de fausser le calcul de la corrélation entre la clef recherchée et le courant consommé par le circuit et empêchera ainsi les attaques DPA.

Cependant, même en associant aux circuits cryptographiques une protection qui cible un type précis d'attaque, ils peuvent rester sensibles à d'autres types d'attaques. Dans la section suivante, nous proposons la combinaison de deux contre-mesures, chacune d'elles permet de rendre le circuit robuste vis-à-vis d'un type précis d'attaque: les attaques par analyse différentielle de courant d'une part, et les attaques en fautes, d'autre part. Nous étudierons ainsi l'impact de cette combinaison en termes de surcoût matériel, performances et capacité de détection des fautes.

4.4 Combinaison de deux contre-mesures vis-à-vis des attaques en fautes et des attaques par analyse différentielle de consommation :

Dans cette section nous considérons deux types d'attaques contre l'AES: les attaques par analyse différentielle de consommation (DPA), et les attaques en fautes dites DFA (Differential Fault Analysis). Pour se prémunir des attaques DPA, le masquage est l'une des contre mesures utilisées ; les techniques de détection/correction d'erreurs sont quant à elles utilisées pour contrer les attaques DFA. En effet, se protéger d'un seul type d'attaque peut se révéler insuffisant.

Toutefois, il a été montré qu'une protection contre un type d'attaque peut favoriser d'autres types d'attaques [80]. Ainsi nous présentons dans cette section une combinaison de deux contre-mesures des attaques DPA et DFA, sans que l'une des deux contre-mesures ne favorise ou facilite l'autre type d'attaque.

Pour étudier cette combinaison, nous proposons d'associer un mécanisme de détection d'erreur pour la protection des attaques DFA, avec une architecture protégée des attaques DPA par masquage, basée sur le même principe de l'architecture précédente. L'inconvénient de l'architecture présentée dans la section précédente est le temps nécessaire pour l'opération de pré-calcul qui pour rappel est de 256 cycles quelle que soit la largeur du chemin de données.

Pour éviter cette phase de pré-calcul et le stockage des valeurs de la Sbox protégée, on va implémenter des blocs SBMs dont les entrées sont la donnée et les masques R_0 et R2 [75]. Pour cette version de SBM, le masque R_0 de la donnée d'entrée peut être différent pour chacune des 16 SBMs, et le masque R1 n'est plus utilisé, R2 est donc directement utilisé pour masquer la donnée de sortie de la SBM et les autres opérations de l'AES.

Nous associons donc à cette architecture d'AES protégée par masquage, un mécanisme de détection d'erreur qui est basé sur le code de parité. Plus particulièrement un code au niveau de la SBM et un code au niveau de la ronde. Ce mécanisme sera détaillé dans la section 4.4.2.

98

4.4.1 SBox robuste vis-à-vis des attaques DPA

La difficulté majeure pour l'implantation de la technique de masquage sur l'AES provient du caractère non-linéaire de l'opération SubBytes qui est une opération de substitution sur chaque octet. Elle est elle-même constituée de deux sous-opérations: l'inversion dans un corps fini suivie d'une transformation affine. L'opération d'inversion n'étant pas linéaire, la propagation du masque à ce niveau reste l'opération la plus complexe. Pour ce faire, la SBM de [75] est décrite sous forme d'expressions mathématiques dans les champs de Galois $GF(2)^8/GF(2)^4/GF(2)^2$ au lieu de $GF(2)^8$. Ce changement de représentation présente l'avantage majeur que l'opération d'inversion dans $GF(2)^2$ devient une opération linéaire et permet de réduire ainsi énormément la complexité des calculs et la propagation des masques. Le calcul de la fonction SubBytes est ainsi décomposé sur 5 blocs [75]:

Le premier bloc effectue le changement de bases depuis la base $GF(2)^8$ vers $GF(2)^8/GF(2)^4/GF(2)^2$.

Le deuxième et quatrième bloc effectuent la multiplication dans $GF(2)^4/GF(2)^2$.

Le troisième bloc calcule l'inversion dans $GF(2)^4/GF(2)^2$.

Le cinquième et dernier bloc effectue le changement de base inverse depuis $GF(2)^8/GF(2)^4/GF(2)^2$ vers $GF(2)^8$.

Pour assurer le masquage à travers ces 5 blocs, deux masques aléatoires R_0 et $R2$ sont associés à la SBM et peuvent être modifiés à chaque ronde. Le masque R_0 est retiré de la donnée d'entrée. Le masque $R2$ est ajouté à la donnée de sortie au fur et à mesure des cinq opérations constituant la fonction SubBytes, permettant ainsi à la donnée de rester masquée tout au long de l'opération SubBytes. (Figure 51).

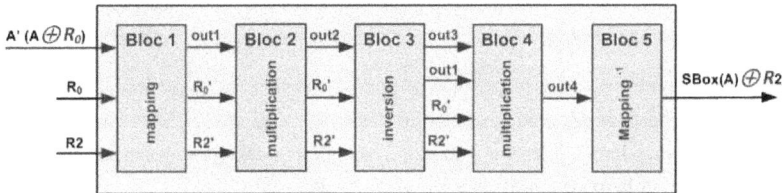

Figure 51 : Synoptique de la SBox masquée de [75]

La Figure 52 présente l'AES avec masquage. La donnée de sortie de ronde est E' avec $E' = E \oplus R$. E étant la donnée de sortie de ronde sans masquage.

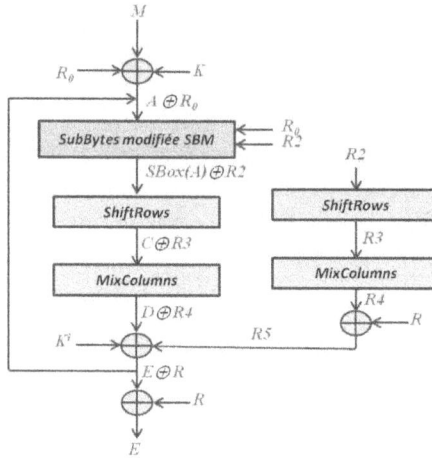

Figure 52 : AES avec masquage

4.4.2 Ajout de la technique de détection concurrente de fautes

Cette architecture étant déjà robuste vis-à-vis des attaques DPA [75], nous avons ajouté à cette architecture un mécanisme de détecteur d'erreur pour une protection des attaques DFA. Nous utilisons le code de parité comme code détecteur : nous avons associé à la SBM cinq bits de parité (Figure 53), un bit pour chacun des cinq blocs de calcul. En protégeant le circuit des attaques DFA avec un code détecteur d'erreur, on risque d'augmenter la corrélation entre la donnée manipulée et la consommation électrique, étant donné que le code calcule la parité de la donnée manipulée. Se protéger des attaques DFA peut donc introduire une faille pour la DPA et favoriser ce type d'attaque.

Comme on peut le voir sur la figure, les blocs de prédiction et de calcul de parité, dépendent des données aléatoires R_0 et R2 ; une attaque DPA sur ces blocs est donc rendue impossible. On voit donc que l'ajout du code détecteur est ici sans influence sur la robustesse de la SBM vis-à-vis de la DPA.

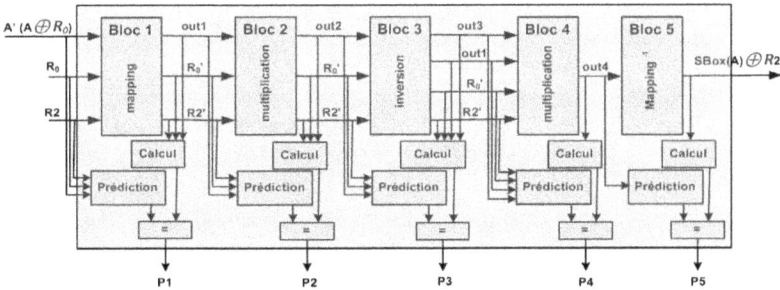

Figure 53 : Ajout du code de parité à la SBox masquée

La Figure 54 présente le mécanisme de détection d'erreur pour une ronde de l'AES masqué. Les 5 bits de parité associés à chaque SBM génèrent un signal Err local à chacune des SBoxes, et via un OU un signal Error-flag1, qui signale la présence d'erreurs au niveau de l'opération SubBytes. Pour les autres opérations de la ronde, un bit de parité qui représente la parité à la sortie de SubBytes est associé à l'ensemble des bits de données (sur 128 bits). Ce bit de parité est non modifié par les opérations ShiftRows et Mixcolums, et pour l'opération AddRoundKey, on y ajoute la parité de la clé de ronde correspondante. En comparant la parité obtenue avec la parité qu'on calcule au début de la ronde suivante, on obtient un signal Error-flag2 qui signale la présence d'erreurs dans les autres blocs d'une ronde AES. Le OU des deux signaux d'erreur permet de signaler une erreur au niveau de la ronde : Error-flag. A noter que les données utilisées pour le calcul de parité sont toujours mixées avec le masque.

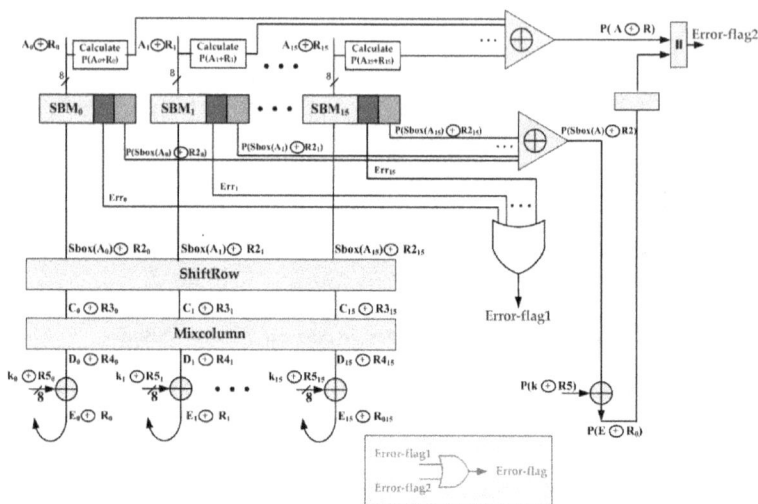

Figure 54 : Mécansime de détection d'erreur pour une ronde d'AES masqué

4.4.3 Taux de détection d'erreurs simples

Pour évaluer le taux de détection d'erreur de cette architecture combinée, nous avons simulé pour toutes les valeurs possibles à l'entrée de chaque bloc avec le simulateur de fautes Lifting [79], le comportement des 5 blocs pour chaque faute de collage possible dans le circuit. La simulation nous a permis de calculer le taux de détection d'erreur que le bit de parité correspondant à chaque bloc nous permet de détecter.

Nous présentons dans la suite les résultats correspondants au taux de détection d'erreur dans ces 5 blocs.

Bloc 1 :

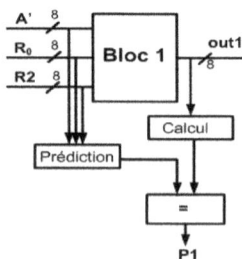

Le tableau en dessous présente le taux de détection d'erreurs obtenu par le bit de parité associé au bloc 1. Dans ce tableau, ainsi que dans les suivants, ne sont reportés que les résultats de simulations pour lesquels, au moins une erreur est apparue sur la sortie du bloc.

Pourcentage des fautes pour lesquels l'erreur est détectée quelque soit le vecteur d'entrée sensibilisant la faute et la propageant jusqu'à la sortie out2	78%
Pourcentage des fautes pour lesquels l'erreur est détectée pour certains vecteurs d'entrée sensibilisant la faute et la propageant jusqu'à la sortie	0%
Pourcentage des fautes pour lesquels l'erreur n'est détectée par aucun des vecteurs d'entrée sensibilisant l'erreur et la propageant jusqu'à la sortie	22%

La première ligne du tableau donne le pourcentage de fautes simples pour lesquelles l'erreur est toujours détectée. La dernière ligne donne le pourcentage des cas où l'erreur n'est jamais détectée. La raison en est que la faute se propage toujours vers un nombre pair de sorties. càd. quel que soit le vecteur d'entrée appliqué. Pour ce bloc, il n'y a pas de cas où l'erreur est détectée pour certains vecteurs et pas pour d'autres.

Bloc 2 :

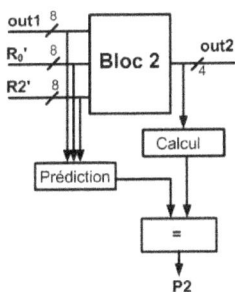

Le tableau en dessous présente le taux de détection d'erreurs assuré par le bit de parité associé au bloc 2.

Pourcentage des fautes pour lesquels l'erreur est détectée quelque soit le vecteur d'entrée sensibilisant la faute et la propageant jusqu'à la sortie out2	64%
Pourcentage des fautes pour lesquels l'erreur est détectée pour certains vecteurs d'entrée sensibilisant la faute et la propageant jusqu'à la sortie	34,75%

Pourcentage des fautes pour lesquels l'erreur n'est détectée par aucun des vecteurs d'entrée sensibilisant l'erreur et la propageant jusqu'à la sortie	1,25%

La deuxième ligne du tableau reporte le pourcentage des cas ou l'erreur n'est pas toujours détectée, ce qui peut être problématique lors d'une attaque.

Bloc 3 :

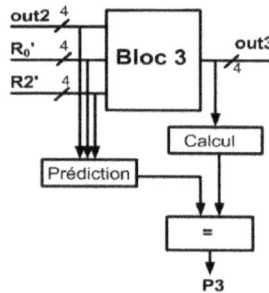

Le tableau ci-après présente le taux de détection d'erreurs assuré par le bit de parité associé au bloc 3 :

Pourcentage des fautes pour lesquels l'erreur est détectée quelque soit le vecteur d'entrée sensibilisant la faute et la propageant jusqu'à la sortie out3	33%
Pourcentage des fautes pour lesquels l'erreur est détectée pour certains vecteurs d'entrée sensibilisant la faute et la propageant jusqu'à la sortie	57%
Pourcentage des cas pour lesquels l'erreur n'est détectée par aucun des vecteurs d'entrée sensibilisant la faute et la propageant jusqu'à la sortie	10%

Bloc 4 :

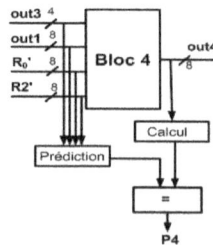

Le tableau qui suit présente le taux de détection d'erreurs assuré par le bit de parité associé au bloc 4 :

Pourcentage des fautes pour lesquels l'erreur est détectée quelque soit le vecteur d'entrée sensibilisant la faute et la propageant jusqu'à la sortie out4	38%
Pourcentage des fautes pour lesquels l'erreur est détectée pour certains vecteurs d'entrée sensibilisant la faute et la propageant jusqu'à la sortie	7%
Pourcentage des fautes pour lesquels l'erreur n'est détectée par aucun des vecteurs d'entrée sensibilisant la faute et la propageant jusqu'à la sortie	55%

Bloc 5

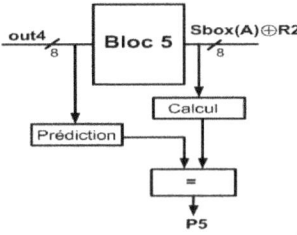

Le tableau qui suit présente le taux de détection d'erreurs assuré par le bit de parité associé au bloc 5 :

Pourcentage des fautes pour lesquels l'erreur est détectée quelque soit le vecteur d'entrée sensibilisant la faute et la propageant jusqu'à la sortie out4	65%
Pourcentage des fautes pour lesquels l'erreur est détectée pour certains vecteurs d'entrée sensibilisant la faute et la propageant jusqu'à la sortie	0%
Pourcentage des fautes pour lesquels l'erreur n'est détectée par aucun des vecteurs d'entrée sensibilisant la faute et la propageant jusqu'à la sortie	35%

Comme pour le bloc 1, il n'existe pas de fautes qui ne soit pas systématiquement détectée.

On remarque qu'il existe certaines erreurs qui ne sont jamais détectées, cela est dû au fait que lorsque la faute considérée affecte un nœud du circuit, elle se propage toujours vers un nombre pair de bits de sortie. De plus, sauf pour les blocs 1 et 5, pour certains vecteurs d'entrée, l'erreur se propage soit sur un nombre impair de bits de sortie (et elle est détectée dans ce cas), ou soit sur nombre pair pour d'autres vecteurs et dans ce cas elle ne sera pas détectée. Comme nous utilisons le code de parité pour détecter l'erreur, si une faute se propage toujours vers un nombre pair de bits de sortie, elle n'est jamais détectée. Pour résoudre ce problème, nous avons modifié l'architecture interne de la SBM afin de s'assurer qu'une faute se propage dans tous les cas sur un nombre impair de chemins vers les sorties.

4.4.4 Amélioration d'architecture : propagation d'erreur vers un nombre impair de chemins de sortie

Dans l'exemple de la Figure 55, une faute *f1* se propage à travers les portes jusqu'aux sorties primaires. Dans ce cas, *f1* se propage vers deux sorties primaires *out [0]* et *out [1]*. Ceci empêche la détection d'erreur par le bit de parité. Nous avons donc synthétisé les blocs de façon à ce que les erreurs se propagent sur un nombre impair de chemins de sorties. En suivant ce principe, le circuit de la Figure 55 devient celui de la Figure 56.

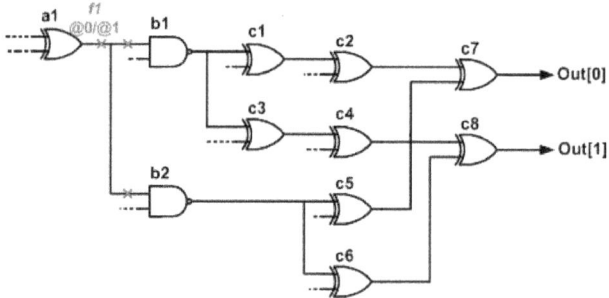

Figure 55 : Un exemple de l'architecture initiale

Pour ce faire, nous avons modifié la netlist initiale en dupliquant certaines portes. Le surcoût en surface engendré par cette amélioration est présenté dans le paragraphe 4.5.

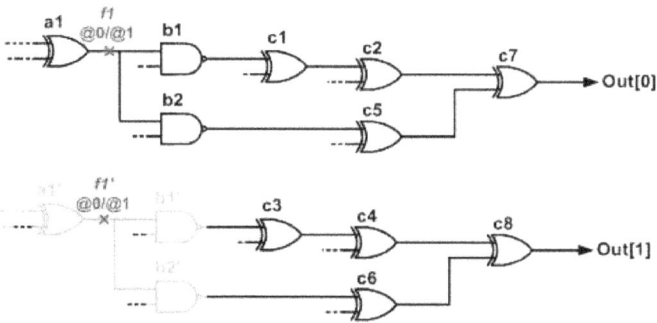

Figure 56: Un exemple de l'architecture améliorée

Pour évaluer l'efficacité de cette amélioration, nous avons mené les mêmes simulations que pour l'architecture initiale pour voir l'effet de cette amélioration sur le taux de détection d'erreur du circuit.

4.4.5 Taux de détection d'erreurs simples pour l'architecture améliorée

Comme pour l'architecture initiale, nous allons présenter les résultats correspondants aux cinq blocs de la SBM.

Pour les blocs 1 et 5, nous avons vérifié que tous les erreurs étaient bien détectées quelque soit le vecteur appliqué en entrée du bloc. Il n'existe plus aucun cas ainsi où l'erreur n'est jamais détectée. Les résultats correspondants aux autres blocs sont présentés dans la suite.

Bloc 2 :

Le tableau ci-après présente le taux de détection d'erreurs assuré par le bit de parité associé au bloc 2 :

Pourcentage des fautes pour lesquels l'erreur est détectée quelque soit le vecteur d'entrée sensibilisant la faute et la propageant jusqu'à la sortie	89%
Pourcentage des fautes pour lesquels l'erreur est détectée pour certains vecteurs d'entrée sensibilisant la faute et la propageant jusqu'à la sortie	11%
Pourcentage des fautes pour lesquels l'erreur n'est détectée par aucun des vecteurs d'entrée sensibilisant la faute et la propageant jusqu'à la sortie	0%

Le tableau ci-dessous présente le taux de détection d'erreurs assuré par le bit de parité associé au bloc 3 :

Pourcentage des fautes pour lesquels l'erreur est détectée quelque soit le vecteur d'entrée sensibilisant la faute et la propageant jusqu'à la sortie	37%
Pourcentage des fautes pour lesquels l'erreur est détectée pour certains vecteurs d'entrée sensibilisant la faute et la propageant jusqu'à la sortie	63%
Pourcentage des fautes pour lesquels l'erreur n'est jamais détectée par aucun des vecteurs d'entrée sensibilisant la faute et la propageant jusqu'à la sortie	0%

Bloc 4 :

Le tableau qui suit présente le taux de détection d'erreurs assuré par le bit de parité associé au bloc 4 :

Pourcentage des fautes pour lesquels l'erreur est détectée quelque soit le vecteur d'entrée sensibilisant la faute et la propageant jusqu'à la sortie	86%
Pourcentage des fautes pour lesquels l'erreur est détectée pour certains vecteurs d'entrée sensibilisant à l'erreur et la propageant jusqu'à la sortie	12,4%
Pourcentage des fautes pour lesquels l'erreur n'est détectée par aucun des vecteurs d'entrée sensibilisant à l'erreur et la propageant jusqu'à la sortie	1,6%

A partir des résultats présentés dans les tableaux précédents, et en les comparant aux résultats trouvés pour l'architecture initiale (cf. paragraphe 4.4.3), on remarque que pour les blocs 1 et 5, cette amélioration a permis la détection de tous les erreurs quelque soit la donnée appliquée en entrée du bloc. Pour les blocs 2, 3 et 4 on remarque que:

- Nous avons augmenté considérablement le taux de détection d'erreurs par le bit de parité pour tous les vecteurs d'entrée.
- Nous avons aussi éliminé les cas où l'erreur n'était jamais détectée par aucun vecteur d'entrée.

Toutefois, il existe encore des fautes qui ne sont pas détectées par tous les vecteurs d'entrée. En effet, même si on s'est assuré que pour chaque site de faute, la faute se propage obligatoirement sur un nombre impair de chemins de sortie, ceci ne garantit pas sa propagation vers un nombre impair de bits de sortie. Certains vecteurs d'entrée appliqués ne propagent pas la faute à travers tous les chemins vers la sortie, ainsi pour certains cas, un chemin peut être bloqué. Dans ce cas, au lieu que la faute se propage par exemple vers 3 bits de sortie comme prévu, elle peut ne se propager que vers deux bits (un des trois chemins étant bloqué). Ceci explique l'existence de certains cas où l'erreur n'est pas toujours détectée par le bit parité.

Pour contourner ce problème, nous proposons une deuxième amélioration sur les blocs 2, 3 et 4 qui est présentée dans le paragraphe suivant.

4.4.6 Sorties indépendantes

Afin d'éviter le problème rencontré lors de la première amélioration, nous avons pensé à une architecture à sorties indépendantes, où chaque bit est synthétisé indépendamment des autres bits de sortie pour chaque bloc. Le principe repose sur la séparation des cônes logiques, comme illustré Figure 57. Ainsi, la sortie de chaque porte logique n'affecte qu'un seul bit de sortie. Une faute dans un bloc se propage donc soit vers un seul bit de sortie, soit vers aucun.

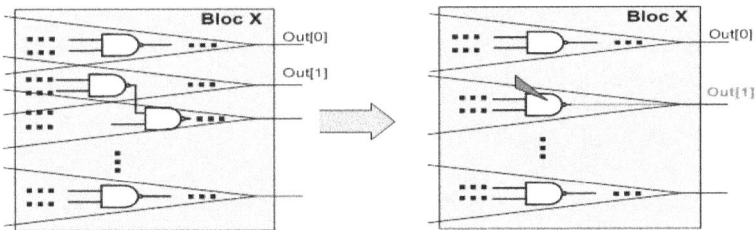

Figure 57: Deuxième proposition d'amélioration: Architecture à sorties indépendantes

Pour évaluer l'efficacité de cette deuxième amélioration, nous avons mené des simulations similaires aux celles des deux autres architectures pour voir l'effet de cette amélioration sur le taux de détection d'erreurs du circuit. Nous avons vérifié que tous les erreurs étaient bien détectées quelque soit le vecteur appliqué en entrée du bloc.

4.5 Surcoûts

Le tableau ci-dessous reporte les coûts en surface, consommation, dégradation de performances du mécanisme de détection d'erreurs amélioré par rapport à l'architecture initiale avec mécanisme de détection d'erreurs non amélioré.

	Surface (μm²)	Consommation (mW)	Performance (ns)
Architecture initiale	75253	84	29.5
Architecture améliorée 1	107821	122	34
Architecture indépendante Amélioration 2	103839	120	32.7

En plus de l'efficacité de la deuxième amélioration en termes de détection d'erreur, son surcoût est aussi plus intéressant, puisqu'elle occupe moins de surface, consomme moins et plus rapide que la première amélioration.

Les fautes considérées sont des fautes simples. Il faut noter que les fautes multiples composées de fautes simples réparties dans des blocs différents sont également détectées puisque chacun des blocs est protégé. Il serait intéressant de poursuivre l'étude pour des fautes multiples apparaissant au sein d'un même bloc.

4.6 Conclusion

Dans ce chapitre, nous avons présenté une combinaison de deux contre mesures contre respectivement les attaques par étude de la consommation et les attaques en faute. Nous avons montré que l'insertion de chacune de ces contre-mesures n'induit pas de faille sécuritaire vis-à-vis de l'autre type d'attaque. Ainsi, nous avons proposé une architecture résistante aux attaques en courant et qui permet la détection de toutes les fautes simples pouvant surgir dans le circuit, type de fautes le plus exploité dans le cadre des attaques en fautes. Nous avons considéré dans notre expérience des fautes de type « fautes de collage transitoire ».

Nous avons considéré qu'il était possible à un attaquant d'injecter de telles fautes sur chacune des sorties de portes sans vérifier si cette hypothèse était réaliste en pratique. Nous avons donc était pessimiste en ce sens. Il peut s'avérer que le circuit est "sur-protégé" par rapport aux possibilités réelles d'injection de fautes. Ce point mériterait d'être étudié plus avant. Le cas échéant, la contrainte sur les capacités de détection pourrait être relaxée et permettre ainsi de minimiser l'impact de cette contre-mesure sur la surface additionnelle et sur les performances.

Par ailleurs, nous n'avons considéré dans chaque bloc de la SBox que des fautes simples. La détection de fautes multiples arrivant dans des blocs différents est également assurée par la structure proposée puisque un bit de parité est associé à chaque bloc. Il serait également intéressant de poursuivre l'étude pour des fautes multiples au sein d'un même bloc.

Conclusion générale

L'objectif de cette thèse étant l'amélioration de la robustesse des circuits sécurisés vis-à-vis des attaques en fautes, nous nous sommes concentrés sur la détection concurrente d'erreurs dans ce type de circuits.

En effet, détecter des erreurs en ligne permet, même si l'attaque ne produit pas des erreurs exploitables, qui peuvent donner des informations sur la clef recherchée, de signaler que le circuit a été sujet d'attaque, et d'agir en conséquence. Les codes détecteurs/correcteurs d'erreurs sont utilisés dans ce contexte.

Nous avons présenté dans le chapitre 3 une solution qui améliore le taux de détection d'erreurs dans des cœurs cryptographiques implantant l'algorithme de chiffrement l'AES. Cette solution consiste à renforcer la protection au niveau de l'opération qui présente la partie majeur du chiffrement « SubBytes », et qui reste l'opération où il le plus difficile de détecter des erreurs en raison de sa non-linéarité. Nous avons présenté donc une étude comparative des techniques proposés dans la littérature, avec et sans la protection proposée au niveau de la SBox pour la détection optimale d'erreurs. Cette étude a été menée en termes de surcoût en surface, en consommation, en performances et en termes de détection d'erreurs. Nous avons présenté aussi une étude qui montre le lien entre le type d'implantation du circuit à protéger et le choix du code détecteur à lui associer. Ainsi, certaines implantations ne nécessitent que des codes de parités simples pour détecter la majorité d'erreurs pouvant être produites dans ce genre d'implantations. Ce travail a été présenté dans ([A], [B], [C], [D] et [E])

Malheureusement, avec toutes les menaces que subissent les circuits sécurisés actuellement, leur associer une contre mesure pour un seul type d'attaque peut être insuffisant, ou pourrait même fragiliser le circuit vis-à-vis d'autres types d'attaques. En associant par exemple la redondance d'information à un circuit pour le protéger des attaques en fautes, on augmente la corrélation entre les donnés traitées et la consommation globale du circuit, facilitant ainsi les attaques basées sur l'analyse de cette corrélation.

Le chapitre 4 présente une combinaison de deux contre-mesures qui visent les attaques en fautes d'une part, et les attaques par analyse différentielles de consommation d'autre part. Nous avons associé ainsi un code détecteur d'erreur pour contrecarrer les attaques DFA, à un masquage des données par une valeur aléatoire contrant les attaques DPA.

Nous avons utilisé un code de parité, toutefois tout autre code linéaire aurait pu être employé. Le choix du meilleur code repose comme nous l'avons montré dans le chapitre 3 sur l'implantation du circuit et du type d'erreurs que l'on souhaite détecter.

Cette solution permet la détection de toutes les fautes simples pouvant affecter le circuit. C'est ce type de fautes qui est le plus exploité dans les attaques en fautes.

Il serait également intéressant de poursuivre cette étude en considérant les fautes multiples. Bien qu'à ce jour, et à notre connaissance, aucune attaque exploitant ce type de fautes n'est été publiée, leur détection, en particulier pour les techniques d'injection de fautes laser, permettrait de signaler que le circuit est attaqué.

Il serait intéressant par la suite donc de faire des manipulations sur un banc laser pour vérifier si les fautes prises en considération dans les simulations peuvent être réellement injectées. Cela permettrait également de vérifier que le circuit n'est pas « surprotégé ».

Nous avons considéré les attaques en faute et les attaques par analyse de consommation. Les attaques par analyse du rayonnement électromagnétique deviennent une réalité. Une voie d'investigation pour des travaux futurs serait l'étude de mécanisme de protection combinée contre les attaques en fautes, par analyse de consommation et analyse de rayonnement.

Bibliographie

[A]   K. Bousselam, G. Di Natale, M.-L. Flottes, B. Rouzeyre. *On Countermeasures Against Fault Attacks on Advanced Encryption Standard.* In book "Fault Analysis in Cryptography", in the series "Springer-Verlag's Information Security and Cryptography", March 20112

[B]   K. Bousselam, G. Di Natale, M.-L. Flottes and B. Rouzeyre. *Fault Detection in Crypto-Devices.* In book "Fault Detection", Wei Zhang (Ed.), ISBN: 978-953-307-037-7, InTech, March 2010.

[C]   K. Bousselam, G. Di Natale, M.L. Flottes, B. Rouzeyre. *Evaluation of Concurrent error detection techniques on the Advanced Encryption Standard.* IEEE International On-Line Testing Symposium 2010 (IOLTS, 10), July 2010, Corfu, pp. 223-228.

[D]   K. Bousselam, G. Di Natale, M.-L. Flottes, B. Rouzeyre. *Etude comparative des méthodes de détection d'erreur pour l'Advanced Encryption Standard.* JNRDM 2010, Montpellier.

[E]   K. Bousselam, G. Di Natale, M.L. Flottes, B. Rouzeyre. *Evaluation of Concurrent error detection techniques on the Advanced Encryption Standard.* IEEE European Test Symposium 2010 (ETS'10), May 2010 (Praha), pp. 252-252 (Poster).

[F]   K. Bousselam, G. Di Natale, M.-L. Flottes, B. Rouzeyre. *Combinaison d'une technique de ''masquage'' et technique de détection d'erreur pour l'Advanced Encryption Standard.* GDR SoCSiP, Paris, juin 2011.

Références

[1]   David Kahn. Codebreakers : L'histoire de l'écriture secrète. 2008.

[2]   Eurosmart (2007), Vision paper 2020.
      http://www.eurosmart.com/index.php/publications/vision-paper-2020.html.

[3]   W. Diffie et M. E. Hellman. New Directions in Cryptography. In IEEE
      Transactions on Information Theory, pages 644–654, 1976.

[4]   Rivest, A. Shamir et L. Adleman. A Method for Obtaining Digital Signatures
      and Public-Key Cryptosystems. Communications, 1978.

[5]   Victor Miller. Use of elliptic curves in cryptography. In CRYPTO, pages 417–
      426, 1985.

[6]   Neal Koblitz. Elliptic curve cryptosystems. 48(177) :203–209, 1987.

[7]   NIST. Data Encryption Standard (DES). National Institute of Standard and
      Technology FIPS PUB46-3, December 1993.

[8]   B. Schneier. Cryptographie Appliquée. 2 ed: Vuibert Informatique, 2001.

[9]   Electronic Foundation. "Cracking DES". O'Reilly Media, November 1998.

[10] FIPS-197. Advanced Encryption Standard (AES). Federal Information
      Processing Standards Publication 197, http://csrc.nist.gov/publications/,
      November 26, 2001.

[11] Randy Torrance et Dick James. The state-of-the-art in ic reverse engineering. In
      CHES, pages 363-381, 2009.

[12] S. P. Skorabogatov et R. J. Anderson. Optical fault induction attacks.
      Proceedings of 4th International Workshop on Cryptographic Hardware and
      Embedded Systems (CHES), number 2523 of LNCS, pages 2-12, 2002,
      Springer-Verlag.

[13] R. Anderson et M. Kuhn. Low Cost Attacks on Tamper Resistant Devices. 5th
      Security Protocols Workshop, volume 1361 de Lecture Notes in Computer
      Science, page 125.

[14] F. Beck. Integrated Circuit Failure Analysis 61 de Lecture Notes in Computer
      ScienWiley, 1998.

[15] S. Skorobogatov. Semi-invasive attacks - A new approach to hardware security
      analysis. Technical Report UCAM-CL-TR-630, University of Cambridge,
      Computer Laboratory, April 2005.

[16] D. Boneh, R. A. DeMillo et R. J. Lipton. On the Importance of Checking
      Cryptographic Protocols for Faults. In W. Fumy, editor, Advances in
      Cryptology: Proceedings of EUROCRYPT '97, number 1233 of LNCS, pages
      37-51, Springer-Verlag.

[17] P. Kocher. Timing attacks on implementations of Diffie-Hellman, RSA, DSS
      and other systems. In N. Koblitz, editor, Advances in Cryptology: Proceedings
      of CRYPTO'96, number 1109 of LNCS, pages 104-113, 1996, Springer-Verlag.

[18]   W. Schindler, F. Koeune et J.-J. Quisquater. Unleashing the full power of timing attack. Technical Report 2002-3, UCL Crypto Group, 2002.

[19]   S. B. Örs, F. Gürkaynak, E. Oswald et B. Preneel. Power-analysis attack on an ASIC AES implementation. In Proceedings of the International Conference on Information Technology (ITCC), 2004, 8 pages.

[20]   F.-X. Standaert, S. B. Örs et B. Preneel. Power analysis attack on an FPGA implementation of Rijndael: Is Pipelining a DPA Countermeasure? Proceedings of 6th International Workshop on Cryptographic Hardware and Embedded Systems (CHES), number 3156 of LNCS, page 30-44, 2004, Springer-Verlag.

[21]   F.-X.St andaert, S. B. Örs, B. Preneel et J. Quisquater. Power analysis attacks against FPGA implementations of DES. In Proceedings of International Conference on Field-Programmable Logic and its Applications (FPL), LNCS, 2004.

[22]   D.A grawal, B. Archambeault, S. Chari, J. R. Rao et P. Rohatgi. Advances in Side-Channel Cryptanalysis. RSA Laboratories Cryptobytes, Vol.6, number 1, pages 20-32, 2003.

[23]   J.-J. Quisquater et D. Samyde. Electromagnetic analysis (EMA): Measures and countermeasures for smard cards. In I. Attali and T. Jensen, editors, Proceedings of Smart Card Programming and Security (E-smart 2001), number 2140 of LNCS, pages 200-210, 2001, Springer-Verlag.

[24]   K. Gandolfi, C. Mourtel et F. Olivier. Electromagnetic Analysis: Concrete Results. In Ç. K. Koç, D. Naccache and C. Paar, editors, Proceedings of 3rd International Workshop on Cryptographic Hardware and Embedded Systems (CHES), number 2162 of LNCS, pages 251-261, 2001, Springer-Verlag.

[25]   Bellcore. New Threat Model Breaks Crypto Codes. Press Release, septembre 1996.

[26]   R. Anderson et M. Kuhn. Improved Differential Fault Analysis. Manuscrit, 12 novembre 1996.

[27]   F. Bao, R. Deng, Y. Han, A. Jeng, A. D. Narasimhalu et T.-H. Ngair. A Method to Counter Another New Attack to RSA on Tamperproof Devices. Manuscrit, 24 octobre 1996.

[28]   F. Bao, R. Deng, Y. Han, A. Jeng, A. D. Narasimhalu et T.-H. Ngair. A New Attack to RSA on Tamperproof Devices. Manuscrit, 13 octobre 1996.

[29]   F. Bao, R. Deng, Y. Han, A. Jeng, A. D. Narasimhalu et T.-H. Ngair. New Attacks to Public Key Cryptosystems on Tamperproof Devices. Manuscrit, 29 octobre 1996.

[30]   E. Biham et A. Shamir. A New Cryptanalytic Attack on DES. Manuscrit, 18 octobre1996.

[31]   E. Biham et A. Shamir. Differential Fault Analysis: Identifying the Structure of Unknown Ciphers Sealed in Tamper-Proof Devices. Manuscrit, 10 novembre 1996.

[32]   M. Joye et J.-J. Quisquater. Attacks on Systems Using Chinese Remaindering. Rapport technique CG-1996/9, UCL, 1996. http://www.dice.ucl.ac.be/crypto/techreports.html.

[33]   A. Lenstra. Memo on RSA Signature Generation in the Presence of Faults. Manuscrit, 1996. http://cm.bell-labs.com/who/akl/rsa.doc.

[34]   J.-J. Quisquater. Short Cut for Exhaustive Search Using Fault Analysis : Applications to DES, MAC, Keyed Hash Function, Identification Protocols. Manuscrit, 23 octobre 1996.

[35]   H. Bar-El, H. Choukri, D. Naccache, M. Tunstall et C. Whelan. The sorcerer's Apprentice Guide to Fault Attacks. Volume 94 of IEEE, n°2, pages 370-382, February 2006.

[36]   M. Otto. Fault Attacks and Countermeasures. Thèse de doctorat, University of Paderborn, décembre 2004. http://wwwcs.unipaderborn.de/cs/agbloemer/forschung/publikatonen/Dissertatio nMartinOtto.pdf.

[37]   Electronic signals and transmission protocols. International Organization for Standardization, 2002.

[38]   Djellid-Ouar Anissa, Cathébras Guy et Bancel Frédéric. Modélisation des effets de perturbation de la tension d'alimentation sur les circuits CMOS. JNRDM 2006.

[39]   Fault attacks on RSA CRT: Concrete results and practical countermeasures. Springer, 2002.

[40]   Cryptographic smart cards, 03, 1996.

[41]   Design principles for tamper-resistant smartcard processors, 1999.

[42]   Michel Agoyan, Jean-Max Dutertre, David Naccache, Bruno Robisson et Assia Tria. When Clocks Fail: On Critical Paths and Clock Faults. CARDIS, pages 182–193, 2010.

[43]   Faults and Side-channel attacks on pairing based cryptography, 2004.

[44]   J-M Dutertre, J J A Fournier, A-P Mirbaha, D Naccache, J-B Rigaud, B Robisson et A Tria. Review of fault injection mechanisms and consequences on countermeasures design. 10.1109/DTIS.2011.5941421.

[45]   Jean-Max Dutertre, Amir-Pasha Mirbaha , Assia Tria, Bruno Robisson et Michel Agoyan. Revue expérimentale des techniques d'injection de fautes. Journée sécurité – 31 mars 2010 – GDR SoC-SiP.

[46]   Sudhakar Govindavajhala et Andrew W. Appel. Using memory errors to attack a virtual machine. Proceedings of the IEEE Symposium on Security and Privacy, May 2003, pp. 154-164.

[47]   Robust protection against fault-injection attacks on smart cards implementing the advenced encryption stadard, 2004.

[48]   Jean-Jacques Quisquater et David Samyde. Eddy current for Magnetic Analysis with Active Sensor. In Esmart 2002, Nice, France, 9, 2002.

[49]   U. Gunneflo, J. Karlsson et J. Torin. Evaluation of error Detection Schemes Using Fault Injection by Heavy-Ion Radiation. Symposium on Fault-Tolerant Computing (FTCS), pages 340-347, June 1989.

[50]   F. Darracq, T. Beauchene, V. Pouget, H. Lapuyade, D. Lewis, P. Fouillat et A. Touboul. Single-event sensitivity of a single sram cell. ieee Transactions on Nuclear Science, vol. 49, no. 3, pages 1486_1490, 2002.

[51]   D.Stinson. Cryptographie: Théorie et pratique. International Thomson Publishing ed. Paris : International Thomson Publishing France, 1996. 2-84180-013.pp.106.

[52]   E. Biham et A. Shamir. Differential Fault Analysis of Secret Key Cryptosystems. In Proceedings of CRYPTO'97, Lecture Notes in Computer Science, Vol. 1294, Springer, pp. 513-528, 1997.

[53]   Christophe Giraud. DFA on AES. In Springer, editor, Advanced encryption standard (AES) 4th international conference, LNCS springer, 3373 of LNCS, pages 27-141, May 2005. Bonn, Germany.

[54]   J. Blömer et J.P Seifert. Fault Based Cryptanalysis of the Advanced Encryption Standard (AES). Proceedings of CHESS 2003, In: R.N.Wright (ed.) Financial Cryptography (FC 2003), Lecture Notes in Computer Science, vol. 2742, pp. 162–181. Springer (2003).

[55]   J. Blömer et V. Krummel. Fault Based Collision Attacks on AES. Proceedings of FDTC 2006, pp. 106-120.

[56]   G. Piret et J.J Quisquater. A Differential Fault Attack Technique against SPN Structures, with Application to the AES and KHAZAD. Proceedings of Chess 2003, pp 77-88.

[57]   P. Dusart, G. Letourneux et O. Vivolo. Differential Fault Analysis on A.E.S. Applied Cryptography and Network Security, Springer Ed., Vol. 2846/2003, pp 293-306.

[58]   A. Moradi, M.T. Manzuri Shalmani et M. Salmasizadeh. A Generalized Method of Differential Fault Attack Against AES Cryptosystem. Proceedings of Cryptographic Hardware and Embedded Systems, CHESS 2006, pp 91-100.

[59]   Y. Monnet, M. Renaudin, et R. Leveugle. Designing Resistant Circuits against Malicious Faults Injection Using Asynchronous Logic. IEEE Transactions on Computers, Vol. 55, N. 9, September 2006, pp. 1104-1115.

[60]   J.-M. Dutertre, J. Fournier, J.-B. Rigaud, B. Robisson et A. Tria. A Side-Channel and Fault-Attack Resistant AES Circuit Working on Duplicated Complemented Values. Solid-State Circuits Conference Digest of Technical Papers (ISSCC), 2011 IEEE International. pp 274 – 276.

[61]   R. Karri, K. Wu, P. Mishra et Y. Kim. Concurrent Error Detection Schemes for Fault-Based Side-Channel Cryptanalysis of Symmetric Block Ciphers. IEEE

Transactions on Computer-Aided Design of Integrated Circuits and Systems, Vol. 21, N. 12, December 2002, pp. 1509-1517.

[62]   P. Maistri, P. Vanhauwaert et R. Leveugle. A Novel Double-Data-Rate AES Architecture Resistant against Fault Injection. Workshop on Fault Diagnosis and Tolerance in Cryptography, 2007, DOI 10.1109/FDTC.2007.8, pp. 54-61.

[63]   G. Bertoni, L. Breveglieri, I. Koren, P. Maistri et V. Piuri. Error Analysis and Detection Procedures for a Hardware Implementation of the Advanced Encryption Standard. IEEE Trans. on Computers, Vol. 52., No.4, April 2003.

[64]   K. Wu, R. Karri, G. Kuznetsov et M. Goessel. Low Cost Concurrent Error Detection for the Advanced Encryption Standard. Proceedings of IEEE International Test Conference, 2004. pp 1242- 1248.

[65]   C.H. Yen et B.F. Wu. Simple Error Detection Methods for Hardware Implementation of Advanced Encryption Standard. IEEE Trans. on Computers, June 2006, Vol. 55, No.6, pp 720-731.

[66]   G. Di Natale, M.L. Flottes et B. Rouzeyre. An On-Line Fault Detection Scheme for SBoxes in Secure Circuits. Proceedings of 13th IEEE International On-Line Testing Symposium, IOLTS 2007, pp. 57-62.

[67]   Mark Karpovsky, Konard J. Kulikowski et Alexander Taubin. Differential Fault Analysis Attack Resistant Architectures For The Advanced Encryption Standard. DSN 2004, (9), August 2004.

[68]   Mark Karpovsky, Konard J. Kulikowski et Alexander Taubin. Robust Protection against Fault-Injection Attacks on Smart Cards Implementing the Advanced Encryption Standard. IEEE Transactions on Computer-Aided Design, 21(2), may 2004.

[69]   P. Chodowiec et K. Gaj. Very compact FPGA implementation of the AES algorithm. In:Walter et al. [36], pp. 319–333.

[70]   S.M. Farhan, S.A. Khan, et H. Jamal.Mapping of high-bit algorithm to low-bit for optimized hardware implementation.

[71]   P. Hämäläinen, M. Hännikäinen, T.D. Hämäläinen. Efficient hardware implementation of security.

[72]   N. Pramstaller, S. Mangard, S. Dominikus et J.Wolkerstorfer. Efficient AES implementations on ASICs and FPGAs. In: H. Dobbertin, V. Rijmen, A. Sowa (eds.) Advanced Encryption Standard − AES (AES 2004), Lecture Notes in Computer Science, vol. 3373, pp. 98–112. Springer (2005).

[73]   G. Di Natale, M.L. Flottes et B. Rouzeyre. A novel parity bit scheme for Sbox in AES circuits. 10th IEEE Workshop on Design & Diagnostics of Electronic Circuits & Systems (DDECS 2007), pp. 267–271. IEEE Computer Society (2007).

[74]   J. Wolkerstorfer, E. Oswald et M. Lamberger. An ASIC implementation of the AES SBoxes. Proc. RSA Conference, 2002.

[75] D. Canright et L. Batina, A very compact "Perfectly masked" S-box for AES. ACNS'08 Proceedings of the 6th international conference on Applied cryptography and network security.

[76] A. Rudra, P.K. Dubey, C.S. Jutla, V. Kumar, J.R. Rao, etP. Rohatgi. Efficient implementation of Rijndael encryption with composite field arithmetic. In: C, .K. Koc,, D. Naccache, C. Paar (eds.) Cryptographic Hardware and Embedded Systems – CHES 2001, *Lecture Notes in Computer Science*, vol. 2162, pp. 171–184. Springer (2001).

[77] X. Zhang et K.K. Parhi. Implementation approaches for the advanced encryption standard algorithm. IEEE Circuits and Systems Magazine 2(4), 24–46 (2002).

[78] Mozaffari Kermani M., Reyhani-Masoleh A., "Parity-Based Fault Detection Architecture of S-box for Advanced Encryption Standard," pp.572-580, 21st IEEE Int. Symp. on Defect and Fault-Tolerance in VLSI Systems (DFT'06), 2006.

[79] Bosio, A., Di Natale, G.: LIFTING: A flexible open-source fault simulator. In: 17th Asian Test Symposium (ATS 2008), pp. 35–40. IEEE Computer Society (2008)

[80] R. Leveugle et V. Maingot. On the use of error correcting and detecting codes in secured circuits. PRIME 2007, pp 245 –248.

[81] Paul C. Kocher, Joshua Jafee, et Benjamin Jun. Differential Power Analysis. In Proceedings of CRYPTO'99, 1666 of LNCS, pages 388–397. Springer-Verlag, 1999.

[82] P. Kocher, J. Jaffe et B. Jun. Introduction to Differential Power Analysis and Related Attacks. Cryptography Research Inc., 1998.

[83] Ghislain Fraidy Bouesse, thèse, « Contribution à la conception de circuits intégrés sécurisés : l'alternative asynchrone ». Laboratoire TIMA- Ecole doctorale d'Electronique, Electrotechnique, Automatique, Télécommunication, Signal, Grenoble 2005.

[84] Gemplus. Single Power Analysis. In Gemplus Workshop on Cryptography and security, 2001.

[85] Manfred Aigner et Elizabeth Oswald. Power Analysis Tutorial. Institute of applied Information Processing and Communication. University of technology Graz, Austria, 2004.

[86] E. Brier, C. Clavier, F. Olivier: Correlation Power Analysis with a Leakage Model, In proceedings of CHES 2004, LNCS 3156, pp. 16-29, Springer-Verlag, 2004.

[87] M. Bucci, L. Giancane, R. Luzzi et A. Trifiletti. Three-Phase Dual-Rail Pre-charge Logic. Cryptographic Hardware and Embedded Systems – CHES 2006, volume 4249 de Lecture Notes in Computer Science, pages 232‑241. Springer, 2006.

[88]   Z. Chen et Y. Zhou. Dual-Rail Random Switching Logic : A Countermeasure to Reduce Side Channel Leakage. Cryptographic Hardware and Embedded Systems – CHES 2006, volume 4249 de Lecture Notes in Computer Science, pages 242–254. Springer, 2006.

[89]   S. Guilley. Geometrical Counter-measures against Side-Channel Attacks. Thèse de doctorat, ENST Paris, 14 decembre 2006.

[90]   T. Popp et S. Mangard. Masked Dual-Rail Pre-charge Logic : DPA-Resistance Without Routing Constraints. Cryptographic Hardware and Embedded Systems – CHES 2005, volume 3659 de Lecture Notes in Computer Science, pages 175–186. Springer, 2005.

[91]   D. Sokolov, J. Murphy, A. Bystrov et A. Yakovlev. Improving the Security of Dual-Rail Circuits. Cryptographic Hardware and Embedded Systems – CHES 2004, volume 3156 de Lecture Notes in Computer Science, pages 282-297. Springer, 2004.

[92]   D. Mesquita, J.D Techer, L. Torres, G. Cambon, G. Sassatelli et F.G Moares. Current Mask Generation: An Analogical Circuit toThwart DPA Attacks. VLSI-SOC'05: IFIP International Conference on Very Large Scale Integration, 2005.

[93]   D. Mesquita, J.D Techer, L. Torres, G. Cambon, G. Sassatelli et F.G Moares. Current Mask Generation: A hardware Countermeasure Against DPA Attacks. SBCCI'05: 18th Symposium on Integrated Circuits and Systems Design, 2005.

[94]   C. Clavier, J.-S. Coron et N. Dabbous. Differential Power Analysis in the Presence of Hardware Countermeasures. Cryptographic Hardware and Embedded Systems –CHES 2000, volume 1965 de Lecture Notes in Computer Science, pages 252-263. Springer, 2000.

[95]   M. Tunstall et O. Benoit. Efficient Use of Random Delays in Embedded Software. Information Security Theory and Practices – WISTP 2007, volume 4462 de Lecture Notes in Computer Science, pages 27-38. Springer, 2007.

[96]   Chari, S., Jutla, C.S., Rao, J.R., Rohatgi, P.: Towards Sound Approaches to Counteract Power-Analysis Attacks. In: Wiener, M. (ed.) CRYPTO 1999. LNCS, vol. 1666, pp. 398–412. Springer, Heidelberg (1999)

[97]   B. Gierlichs, L. Batina, P. Tuyls, B. Preneel. Mutual information analysis , CHES 2008, LNCS, vol 5154, pp 426-442.

[98]   M.-L. Akkar et C. Giraud. An Implementation of DES and AES, Secure against Some Attacks. Cryptographic Hardware and Embedded Systems – CHES 2001, volume 2162 de Lecture Notes in Computer Science, pages 309-318. Springer, 2001.

[99]   Thèse de Cristophe Giraud, 26 octobre 2007, université de Versailles Saint-Quentin-en-Yvelines,   lien :
http://www.prism.uvsq.fr/fileadmin/CRYPTO/TheseCG-new.pdf.

[100] M.-L. Akkar et L. Goubin. A Generic Protection against High-order Differential Power Analysis. Dans Fast Software Encryption – FSE 2003, volume 2887 de Lecture Notes in Computer Science, pages 192-205. Springer, 2003.

[101] J. Golić et C. Tymen. Multiplicative Masking and Power Analysis of AES. Cryptographic Hardware and Embedded Systems – CHES 2002, volume 2523 de Lecture Notes in Computer Science, pages 198-212. Springer, 2002.